［ビジュアル図解］

まるごと！飛行機

森 隆行 著

同文館出版

はじめに

ライト兄弟が初めて12秒間の飛行に成功してからおよそ１００年、世界中で1年間に飛行機を利用する人は20億人に達しています。日本でも、毎年1億人が飛行機を利用しています。なかでも年間１０００万人が利用する羽田―千歳便は世界一の航空路です。飛行機は、私たちの生活にとって欠かせない、身近な存在になりました。

貨物輸送の分野でも、電子部品や精密機械など比較的軽量で価格の高いものや、最近は食品や切花なども飛行機で輸送されていて、その重要性は増しています。飛行機は旅客だけでなく貨物にとっても無くてはならない存在なのです。

昨年末には、エアバス社の最新鋭機Ａ３８０が、シンガポール航空によってオーストラリア―シンガポール間に就航して話題になりました。Ａ３８０は総2階建てというもので、これまで最大であったＢ７４７ジャンボジェットよりもさらに大型です。もう一方の雄、ボーイング社はまもなくＢ７８７という経済性に優れた新型機を投入します。

日本でも明るいニュースがあります。ＹＳ11以降途絶えていた国産旅客機の生産が、三菱重工業によって実現するというのです。このように飛行機の話題にはことかきません。

また、新しい航空会社の誕生も大きな話題です。スカイマークやエアドゥにつづいて発足した北九州空港を拠点とするスターフライヤーは、真っ黒な機体がユニークな航空会社です。

飛行機、航空会社のみならず、ここ数年は空港の新規開港も相次いでいます。セントレアの名前で親しまれる中部国際空港や、マリンエア神戸空港、北九州空港が新しく開港したほか、まもなく静岡空港がオープンします。装いを新たにした羽田空港も、飛行機を利用する旅客だけでなく食事やショッピングを楽しむ人々で賑わっています。空港は単なる空の玄関というだけでなく、アミューズメントプレイスとしての役割も果たしているのです。

このように、私たちの生活と切っても切り離せない存在となっている飛行機や空港ですが、意外と知らないことが多いのも事実です。そもそも、最大377トンもあるB747ジャンボジェットがどうして音速に近い高速で飛ぶことができるのでしょう？　誰もが一度は疑問に思ったことがあると思います。

私たちは、何の気なしに飛行機とか空港という言葉を使っています。飛行機や空港に似た言葉に航空機と飛行場があります。航空機と飛行機は違うのでしょうか。飛行場と空港はどうなのでしょう。同じなのでしょうか。違うのでしょうか。

本書は、飛行機ファンはもちろん、飛行機について何も知らない人にも楽しんでいただけるよう、誰にでも理解してもらえることを基本にしました。日ごろ利用する飛行機についての知識を少し増やすことで、飛行機がさらに興味深い対象として輝きを増し、空港に行くことさえ楽しくなることは間違いないでしょう。本書が、そのための一助となることを願うものです。

本書を著すにあたって、イラストだけでなくいろいろな面でご協力いただいた、有限会社ムーブの新田由起子氏および、本企画を実現してくださった同文舘出版株式会社ビジネス書編集部の竹並治子氏に、心からお礼を申しあげます。

２００８年１月

森　隆行

もくじ

ビジュアル図解
まるごと！ 飛行機

1章 空港の構造と役割

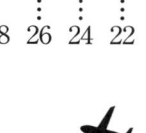

2章 飛行機の基礎知識

3章 飛行機で快適に過ごすための工夫とサービス

4章 飛行機の運航に携わる人たち

5章 飛行機の一生──飛行機の誕生・生産から墓場まで

6章 飛行機が飛ぶための装備とシステム

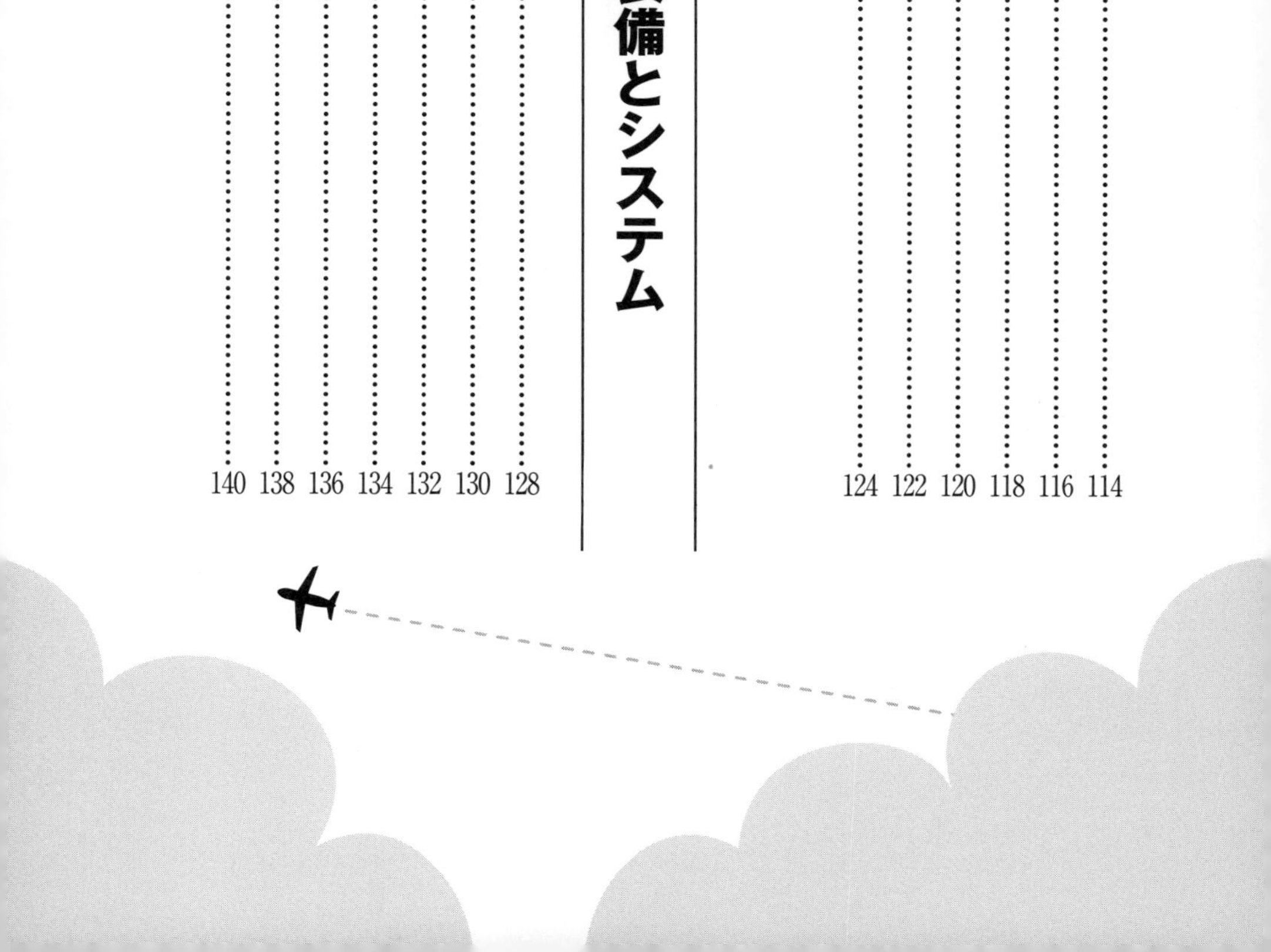

7章 飛行機の運航と操縦

8章 飛行機の整備

9章 飛行機の安全のために

10章 航空業界のしくみ

付録　知っておくと便利な航空用語集

カバーデザイン◎新田由起子
本文DTP◎ムーブ（川野有佐）
イラスト◎繁田周造
カバー写真提供◎全日本空輸株式会社

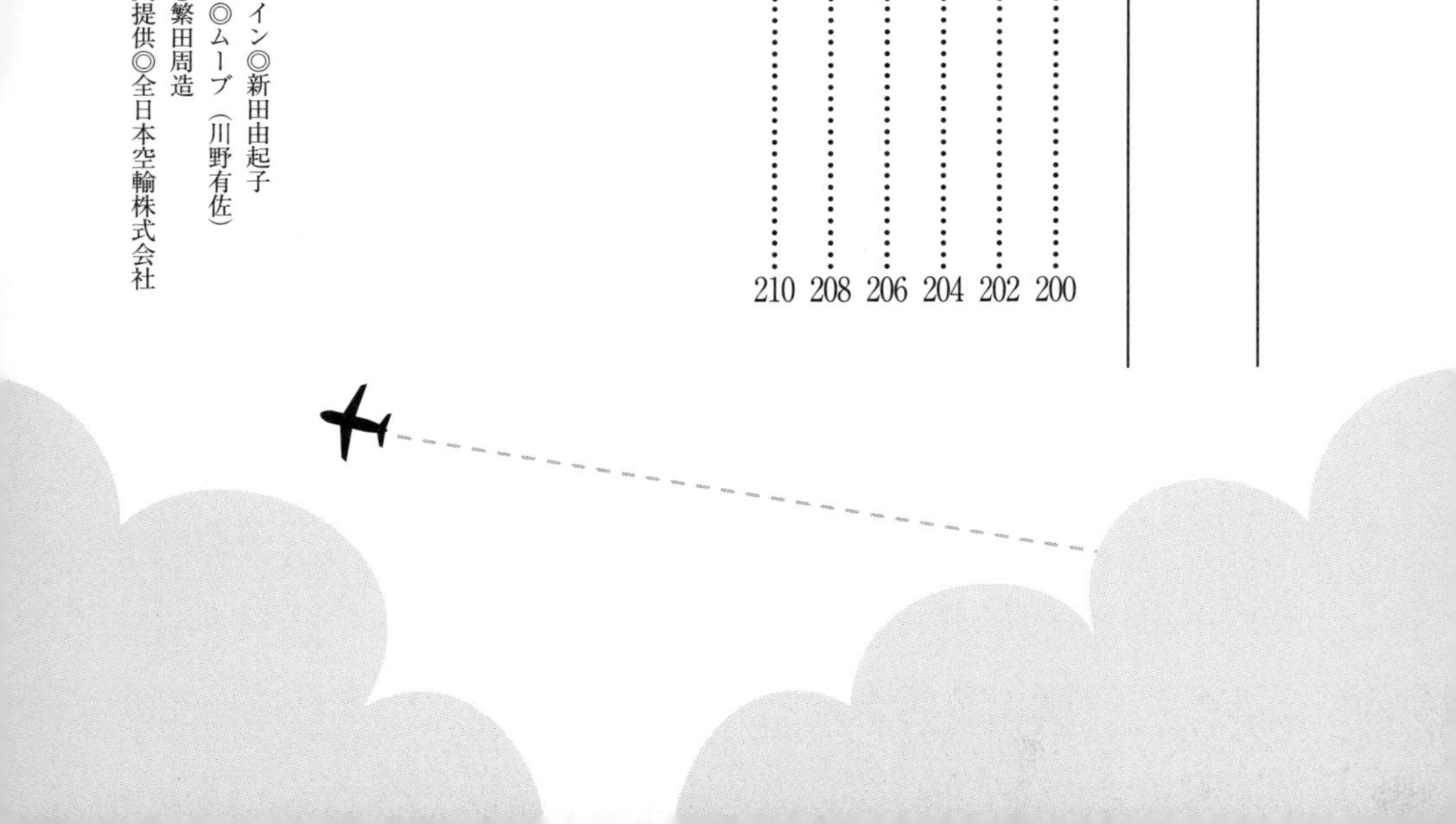

1章

空港の構造と役割

飛行場の種類——空港と飛行場の違い

「成田国際空港」、「厚木飛行場」と区別して使われるように、「空港」と「飛行場」は違うものを指します。また、空港にも種類があります。

飛行場と空港の違い

飛行場は「航空機の到着、出発、移動のために……使用する目的をもった陸上又は水上の一定区域」（国際民間航空条約第14附属書）です。つまり〝飛行機の離着陸場所〟が飛行場です。空港は、飛行場のうち、旅客や貨物の運送を行う航空機の離着陸する場所を言います。羽田空港、神戸空港、関西空港はじめ主要都市のエアラインが運航する飛行場のほとんどが空港です。

これに対して、茨城県にある小型機用の竜ヶ崎飛行場や自衛隊、米軍の飛行場は一般的に空港とは言いません。

また、飛行場は主として「航空法」で、空港は「空港整備法」で扱われています。

「航空法」による飛行場の種類

「航空法」では、飛行場を「公共用飛行場」と「非公共用飛行場」に分けています。自衛隊や米軍の飛行場は「非公共用飛行場」です。

また、「陸上飛行場」、「陸上ヘリポート」、「水上飛行場」、「水上ヘリポート」という分類もあります。

「空港整備法」による空港の種類

「空港整備法」では飛行場のうち旅客・貨物の運送に使用される公共用飛行場を「空港」と呼び、第1種空港、第2種空港、第3種空港の3つに分けています。

第1種空港は、国際航空路線に必要な飛行場で、工事費用の１００％を国が負担します。成田、羽田、中部、大阪、関西の各空港があります。第2種空港とは、主要な国内航空路線に必要な飛行場であり、その工事費用は75％を国が負担し25％を地方公共団体が負担しています。新千歳空港、松山空港、福岡空港、長崎空港、那覇空港など地方の主要空港がこの分類に入ります。

第3種空港は、地方の空港運送を確保するために必要な飛行場で、工事費用は国と地方自治体が半分ずつ負担します。富山空港、鳥取空港、岡山空港などローカル空港で52の空港があります。

公共用飛行場

空港
空港以外の公共用飛行場
公共用指定の飛行場

非公共用飛行場

自衛隊の使用する飛行場
在日米軍の使用する飛行場
施設飛行場またはその他の飛行場

飛行場の種類

陸上飛行場
陸上ヘリポート
水上飛行場
水上ヘリポート

02

空港の概念と役割

〝飛行機の発着機能〟から〝人と貨物の結節点へ〟

空港の概念やその役割は時代とともに変化しています。航空輸送が始まったばかりの頃の空港は、〝飛行機の発着の機能〟さえ備えていればよかったのですが、航空機の発達と、交通手段・貨物輸送手段としての重要性が増すに従って空港と呼ばれるようになり、〝人と貨物の結節点〟として重要な役割を求められるようになりました。

今日の空港は、「航空輸送と陸上輸送の交差するターミナル機能を果たす施設の総合体」と定義づけることができます。

大型航空機ジャンボジェットの登場で、航空輸送は大量・高速輸送時代を迎えました。大量の人の移動を支える鉄道やバスなどの陸上交通とのアクセスを含めた総合交通システムの中心に空港を位置づけることもできます。

また、航空貨物輸送も増加の一途をたどっています。こうした貨物への付加価値サービスの一環として、陸

上交通へのアクセスはもちろん、一時保管や流通加工などのための施設といった〝物流基地〟としての役割も担っています。

空港は〝経済や文化の場〟

空港での仕事に従事する人は間接的なものまで含めると大きな空港では10万人に達し、空港を核としたひとつの都市が形成されているといえます。また、最近は羽田のターミナルでは飛行機の利用者以外の客を積極的に呼び込む工夫もしています。その意味では、もはや空路と陸路の結節点だけではなく、経済や文化の場としての役割を持つにいたったと解釈することができます。

航空機の発着回数の増加と、鉄道、自動車の空港への集中は、空港周辺地域への騒音、大気汚染などの環境問題を引き起こすといったマイナス面も無視できません。現代の空港は周辺地域の住民、社会に対して騒音低減のための離着陸飛行方式への改善や騒音・大気保全のための緩衝地帯の設定や各種工事、補償など、地域社会との共生に配慮する必要があります。

空港の機能と施設

空港の施設といえば、すぐに思い浮かぶのは旅客ターミナルです。空港の顔とも言うべき施設で、飛行機の利用客のために必要なすべてのサービスのほか、送迎や見学者のためのサービスも提供できるようになっています。特に国際空港の場合は、税関、検疫、イミグレーションなども必要です。

空港の機能はそれだけではありません。飛行機の離着陸のための滑走路や管制塔、あるいは貨物のための施設も必要です。これらの施設を、空港の機能とあわせて体系的にみてみましょう。

空港には4つの機能がある

空港の機能は、大きく分けて4つあります。「飛行機の離着陸機能」「航空機サービス機能」「貨客取扱サービス機能」「空港管理運営機能」です。

①離着陸機能

離着陸機能には、「滑走路・誘導路からなる離着陸機能」「エプロンと呼ばれる駐機機能」「照明・無線通信・気象観測からなる航空保安機能」の3つがある。

②航空機サービス機能

「航空機整備機能」と「航空機支援機能」がある。航空機整備機能とは、航空機の修理、整備。航空機支援機能とは、給油・機内食・機内清掃などのこと。

③貨客取扱サービス機能

「旅客サービス機能」と「貨物サービス機能」に分けられる。旅客サービス機能の多くは、旅客ターミナルに集約される。他には、ホテル、食堂、銀行なども含まれる。貨物サービス機能には、貨物上屋・保税上屋・税関施設などがある。

④空港管理運営機能

「空港管理機能」と「運航管理機能」からなる。空港管理機能には、空港のメンテナンスや供給処理のために供給処理施設と空港事務所・警察・消防・国土交通省の事務所など管理運営施設がある。運航管理機能は、航空管制のために管制施設・気象予報施設・無線施設などからなる管制施設と航空会社のオペレーションセンターがある。

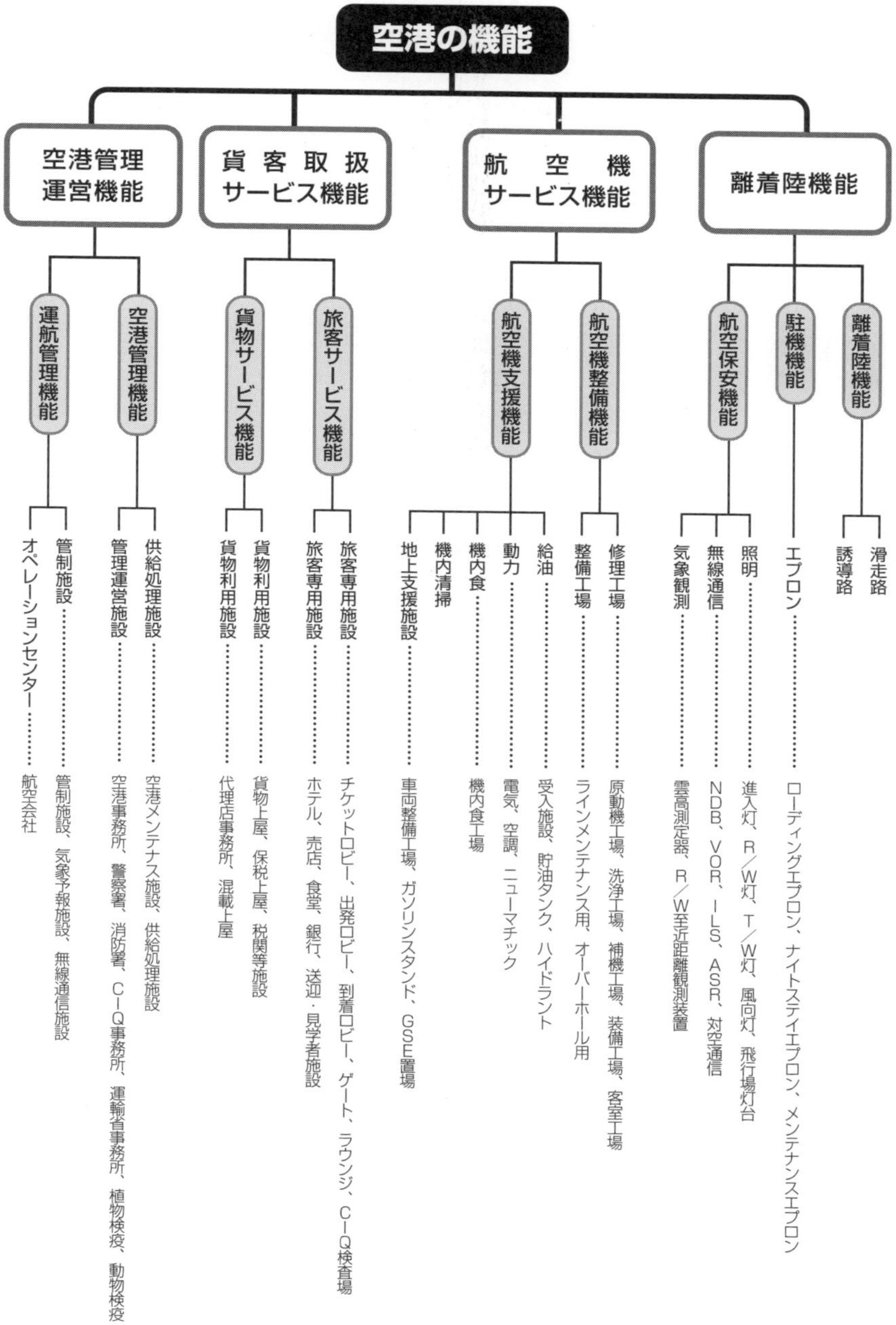
空港の機能
空港管理運営機能
貨客取扱サービス機能
航空機サービス機能
離着陸機能
運航管理機能
空港管理機能
貨物サービス機能
旅客サービス機能
航空機支援機能
航空機整備機能
航空保安機能
駐機機能
離着陸機能
管制施設……管制施設、気象予報施設、無線通信施設
オペレーションセンター……航空会社
供給処理施設……空港メンテナンス施設、供給処理施設
管理運営施設……空港事務所、警察署、消防署、CIQ事務所、運輸省事務所、植物検疫、動物検疫
貨物利用施設……貨物上屋、保税上屋、税関等施設
貨物利用施設……代理店事務所、混載上屋
旅客専用施設……チケットロビー、出発ロビー、到着ロビー、ゲート、ラウンジ、CIQ検査場
旅客専用施設……ホテル、売店、食堂、銀行、送迎・見学者施設
給油……受入施設、貯油タンク、ハイドラント
動力……電気、空調、ニューマチック
機内食……機内食工場
機内清掃
地上支援施設……車両整備工場、ガソリンスタンド、GSE置場
修理工場……原動機工場、洗浄工場、補機工場、装備工場、客室工場
整備工場……ラインメンテナンス用、オーバーホール用
照明……進入灯、R/W灯、T/W灯、風向灯、飛行場灯台
無線通信……NDB、VOR、ILS、ASR、対空通信
気象観測……雲高測定器、R/W至近距離観測装置
エプロン……ローディングエプロン、ナイトステイエプロン、メンテナンスエプロン
滑走路
誘導路

04

世界の空港

世界の空港や空港ビルを管理しているACI（Airports Council International：国際航空評議会）によれば、2005年に空港を利用した旅客数は42億人、貨物は約8000万トンにのぼります。

海外の空港はとても広い

日本の空港は、国土が狭いために十分な用地が確保できないことで滑走路が少ない、騒音問題などから発着時間制限がある、などさまざまな制約に縛られているのが一般的です。それ比べて、外国の主要空港は十分な用地に多くの滑走路を持ち、24時間の発着も普通です。

カナダのモントリオール・ミラベル空港が世界一広い空港です。その面積は3万5200ヘクタール、山手線の内側の面積の5倍もの広さです。もっとも、その80%は騒音地帯として使われており、実際に空港として使われているのは全体の20%です。シカゴ・オヘア国際空港は滑走路が7本（実際に使用されているのは6本）と、世界で一番多く滑走路を持

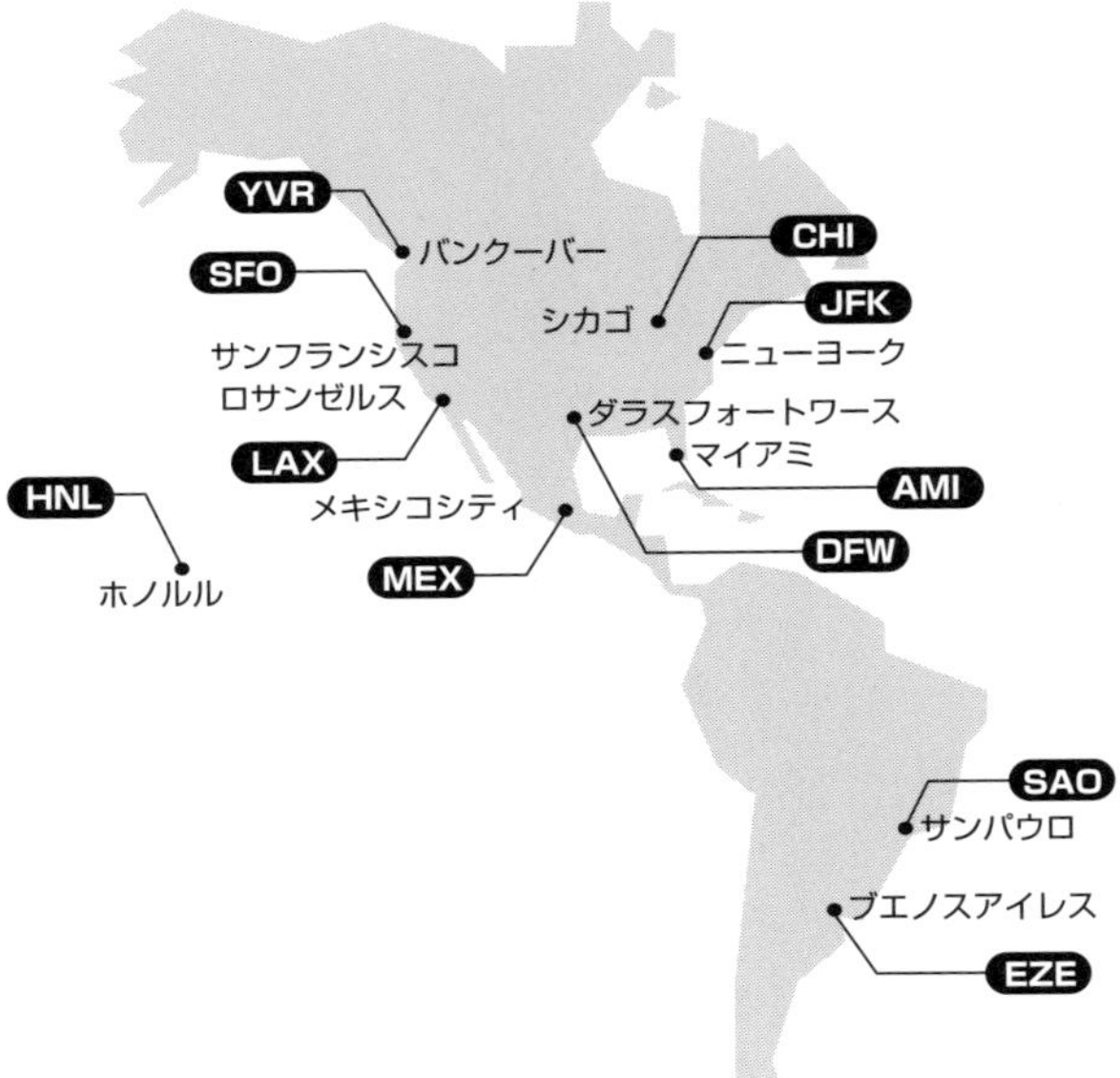

つ空港です。アムステルダム・スキポール空港も6本の滑走路があります。

発着回数・旅客数ともに欧州が上位

国際線のランキングをみてみると、発着回数ではパリ・シャルルドゴール空港が第1位です。以下ロンドン・ヒースロー空港、フランクフルト空港、アムステルダム・スキポール空港と続き、成田国際空港は18位です。

旅客数では、ロンドン・ヒースロー空港がトップで2位以下は、パリ・シャルルドゴール空港、フランクフルト空港、アムステルダム・スキポール空港となり、成田国際空港は8位です。貨物取扱のランキングでは成田国際空港は香港国際空港についで第2位です。

国際線のランキングでは、米国の空港がトップ10に入っていません。米国は広大な土地に多くの空港があり、国内のネットワークが発達しているためです。また、近年アジアにおいて旅客と貨物が大きな伸びを示しており、シンガポールや香港は新しい空港を建設し、需要の増加に対応しています。

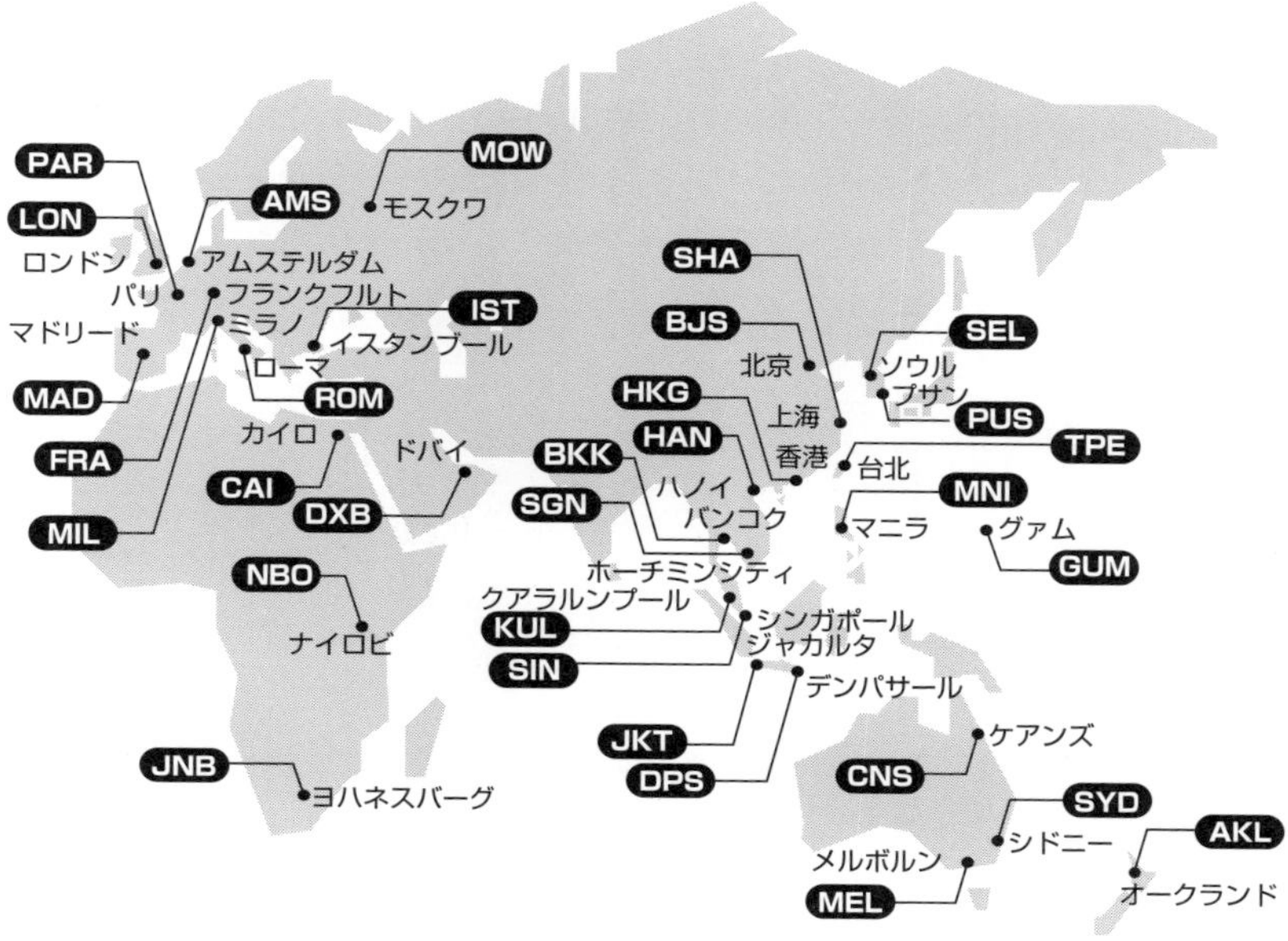

日本の空港

日本の空港は、空港整備法によって第1種空港、第2種空港、第3種空港に分類されています。第1種空港は、成田国際空港、関西国際空港、中部国際空港、東京国際空港（羽田）、大阪国際空港（伊丹）の5空港です。第2種空港は24空港、第3種空港には建設中の静岡空港を含めて54空港あります。その他の共用空港が17空港で、合計で100の空港があります。

「海沿い」にあり、「乗り継ぎが不便」

日本の空港の特徴は、まず地理的に海沿いに多いということがいえます。これは、大都市が海沿いに集中していることや進入経路に障害物がない、国土が狭く十分な用地が確保できないことから埋立地を利用することが多い、などの理由が挙げられます。神戸空港、関西空港や中部国際空港など新たにできた空港が埋立地を利用するところが多いのはこのためです。

2番目の特徴は、主要空港において、国際線と国内線が分かれている空港があることです。大阪国際空港は、関西国際空港の開港に伴い国内線のみになりました。また、東京国際空港（羽田）の国際線は中国便の一部とチャーター便のみで、国内線が中心です。このため、国際線と国内線の乗り継ぎが大変不便です。運輸・交通においてはネットワークがもっとも重要な要素ですが、この点において、日本の空港には問題があります。なお、日本の空港利用者は国内旅客の利用者数が9442万人、国際旅客利用者数は、1791万人と圧倒的に国内旅客が多いのも特徴です。

発着時間に制約がある

発着時間に制約があるのも特徴です。海外の主要空港は24時間発着可能であるのに比べ、成田国際空港は午前6時から午後23時までしか発着できません。このため、発着できる飛行機の数も制限されることになります。滑走路の少ないこともあり、十分な発着枠が確保できていないのが現状で、割り当てを待つ外国の航空会社も少なくありません。その結果、日本の空港の国際線世界ランクは、成田国際空港が旅客数で9位、発着回数で18位、貨物取扱量で2位にとどまっています。

日本の各種空港

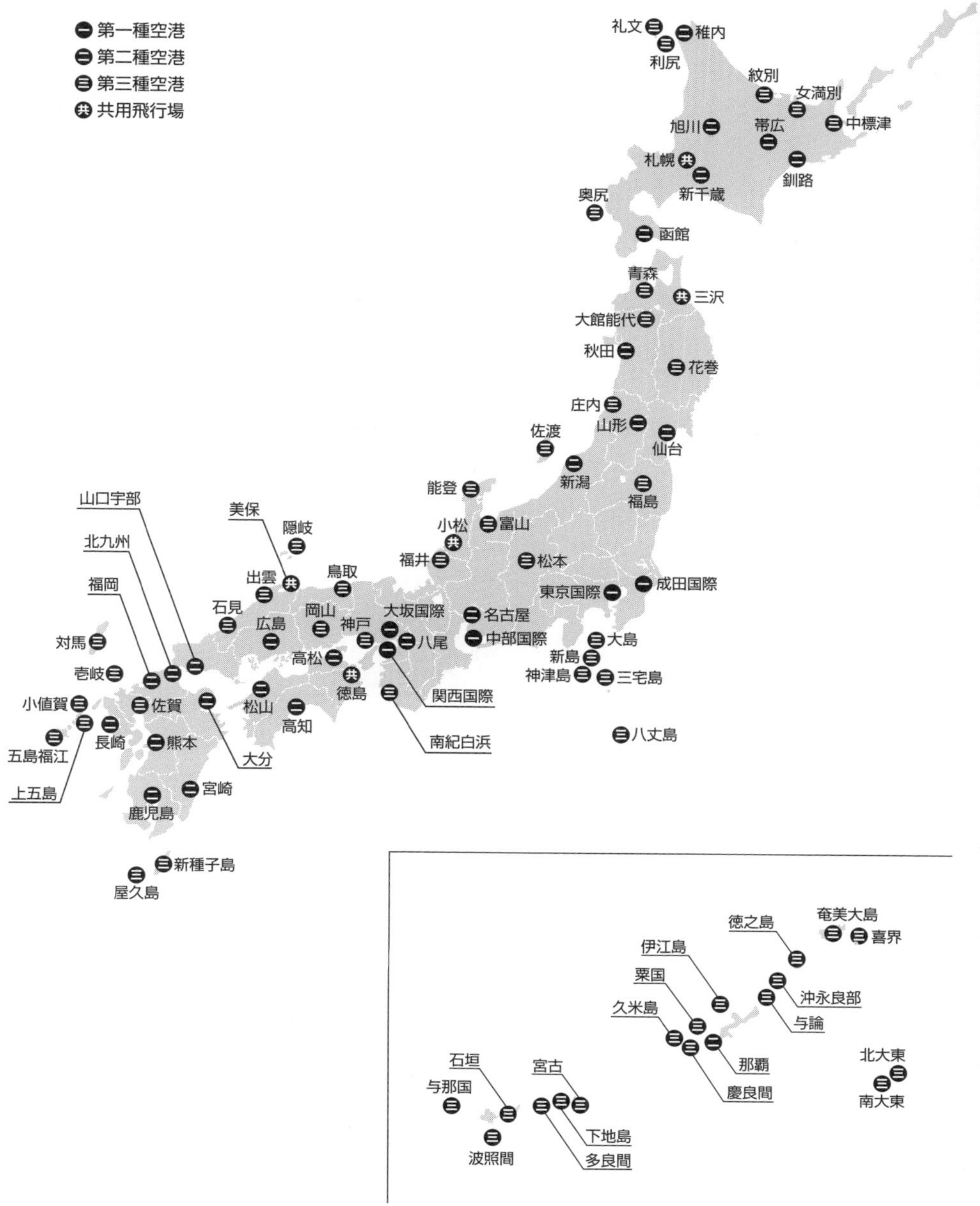
第一種空港
第二種空港
第三種空港
共用飛行場
礼文
稚内
利尻
紋別
女満別
中標津
旭川
帯広
札幌
新千歳
釧路
奥尻
函館
青森
三沢
大館能代
秋田
花巻
庄内
山形
仙台
佐渡
新潟
福島
能登
富山
小松
福井
松本
成田国際
東京国際
名古屋
中部国際
大島
新島
神津島
三宅島
八丈島
山口宇部
美保
隠岐
北九州
出雲
鳥取
福岡
石見
岡山
神戸
大阪国際
広島
八尾
対馬
高松
壱岐
徳島
関西国際
小値賀
佐賀
松山
高知
南紀白浜
長崎
熊本
五島福江
大分
上五島
宮崎
鹿児島
新種子島
屋久島
徳之島
奄美大島
喜界
伊江島
沖永良部
粟国
与論
久米島
那覇
慶良間
北大東
南大東
石垣
宮古
与那国
下地島
波照間
多良間

スペースを有効活用する4つの駐機方式

空港で飛行機を止めておくところをエプロンといいます。

エプロンのスペースは限られているので、飛行機を効率的に駐機させなければなりません。そこで、次の4つの方法で駐機させるのが合理的とされており、それぞれの空港ではこれらのいずれかの方法、あるいは複数の方法を組み合わせた方法を採用しています。

日本ではフィンガー方式が主流

日本の空港ではフィンガー方式が多く取り入れられています。フィンガー方式は、旅客の移動距離が少なくてすむというメリットがありますが、大規模な空港にはかえって不向きです。従来、日本には大型空港が少なかったことから、フィンガー方式が主流となったものと考えられます。

サテライト方式では、利用者はターミナル・サテライト間をトラムなどの交通手段で移動します。

エプロンは目的によって旅客用、貨物用、ナイトステイ用、整備用に分けられ、場所が決められている

オープンエプロン方式

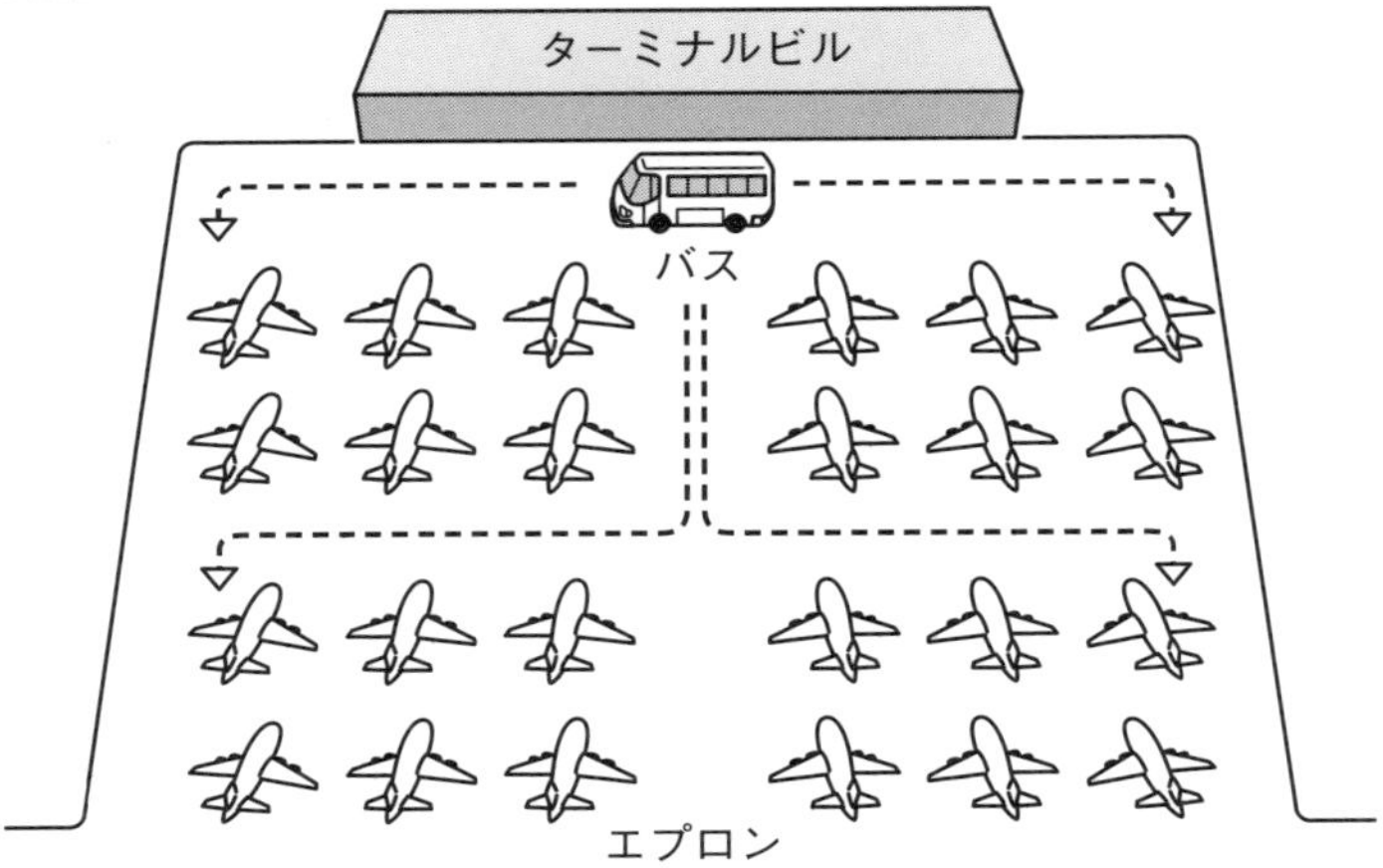

ターミナルビルから離れたエプロンに集中的に飛行機を駐機させる方式です。ターミナルと飛行機の間はバスで結ばれます。米国のワシントン・ダレス空港にこの方式の例が見られます。

フィンガー方式 日本ではこの方式が主流

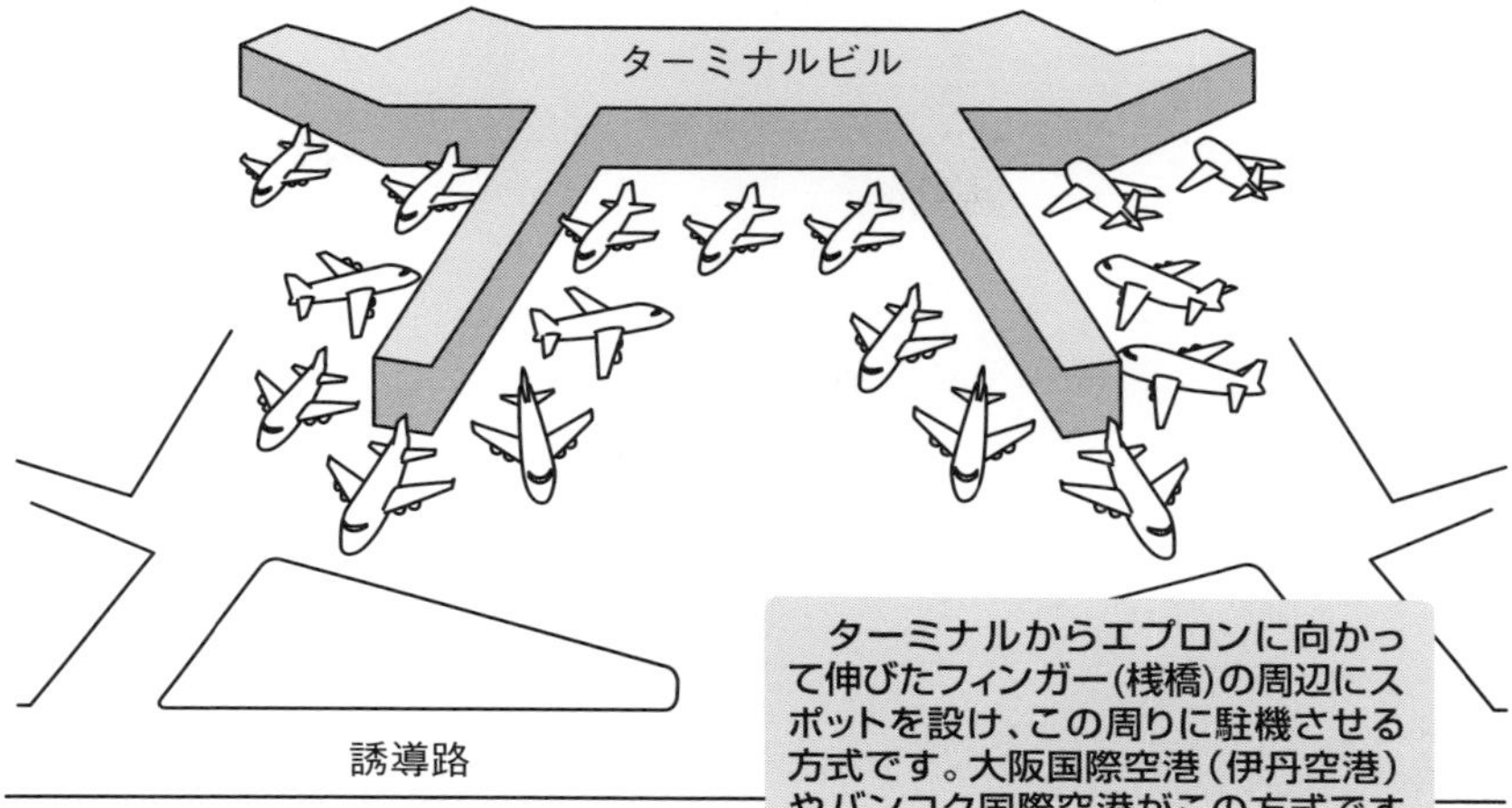

ターミナルからエプロンに向かって伸びたフィンガー(桟橋)の周辺にスポットを設け、この周りに駐機させる方式です。大阪国際空港(伊丹空港)やバンコク国際空港がこの方式です。

サテライト方式 世界ではこの方式が増えている

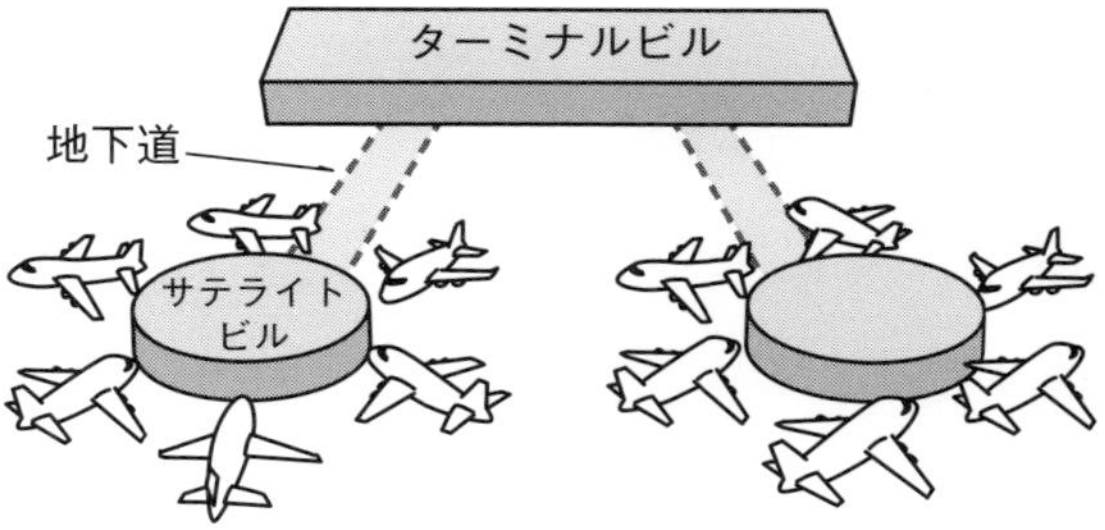

メイン・ターミナルビルを中心にその周りに衛星のようにサブ・ターミナルを配置し、その周りに飛行機を駐機させる方式です。旅客は地下道や動く歩道などを利用して移動します。フランスのパリ・ドゴール空港がこの方式です。また、日本では、成田第1ターミナルがこの方式を採用しています。

フロンタル方式

ターミナルビルの全面に飛行機を1列に並べる方式です。規模の小さな地方空港はほとんどこの方式です。

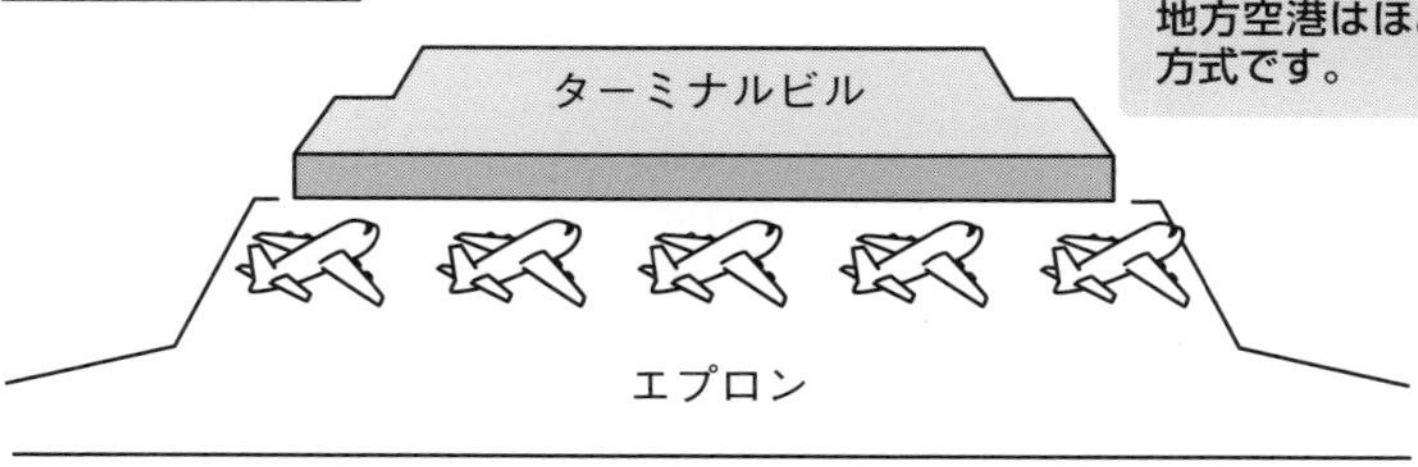

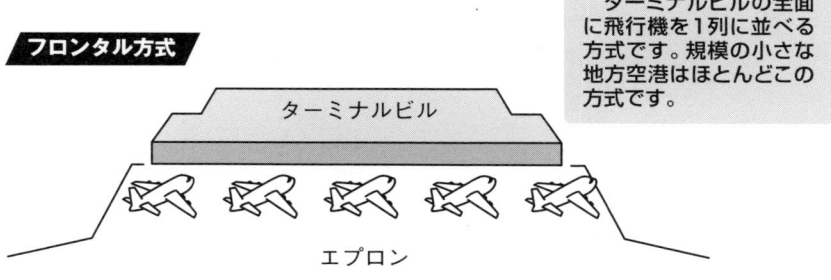

07

空港の歴史

世界初の飛行場は、1909年ドイツのライムスとベルリンといわれています。次いで、1912年同じくドイツのオーバーシュラスハイムにあるシュラスハイム飛行場ができました。シュラスハイム飛行場は、ドイツの飛行部隊創設を機に作られました。その後、第2次世界大戦まで戦闘機のパイロットの訓練学校として軍事的に重要な役割を果たし、戦後は民間パイロットの訓練施設となりました。整備格納庫と司令部の建物は保存すべき歴史的建造物として、ドイツ博物館の分館として展示・保存されています。

1903年　日本でもライト兄弟のフライヤー1号による世界初飛行の成功に刺激され航空機の研究が盛んになりました。

1911年　徳川好敏陸軍大尉がフランスのアンリ・ファルマン機による日本初飛行を行いました。この飛行は、日本最初の飛行場である所沢飛行場で行われました。

1945年　所沢飛行場では、第2次世界大戦終了まで飛行の教育、航空機の研究が行われ、また民間・陸軍の試験飛行場として、あるいは陸軍飛行学校として機能してきました。このように所沢飛行場は日本の航空機の発展に重要な役割を果たしてきたことから「日本の航空発祥の地」と呼ばれています。現在飛行場後は、埼玉県「所沢航空記念公園」として、公園内には「所沢航空発祥記念館」が作られ一般に開放されています。

東京飛行場は第2次大戦後米国の占領下にありましたが、米国から返還され、日本の空の玄関として再スタートしました。

国策会社の日本航空輸送が運航を始めました。

1952年　1931年　1929年　1922年

東京飛行場（現、羽田）が開設されました。それまでの飛行場は軍事目的が中心でしたが、東京飛行場は、日本で最初の国営民間航空専用空港です。それまでは立川が民間空港として利用されていました。

日本の航空輸送の始まりは、日本航空輸送研究所による大阪・高松・徳島間の週2便の運航です。このときは、飛行場を使わない水上飛行機によるサービスでした。

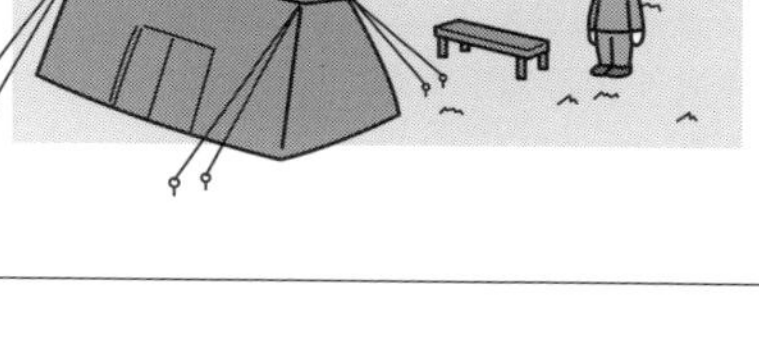

空港で働く車のいろいろ

飛行機は、空港に到着して出発するまでの短い時間で旅客の乗降、手荷物や貨物の積み降ろし、燃料補給、汚水の処理など多くの作業をしなければなりません。空港では、これらの作業に従事する特殊な車両がたくさん働いています。その一部をご紹介します。

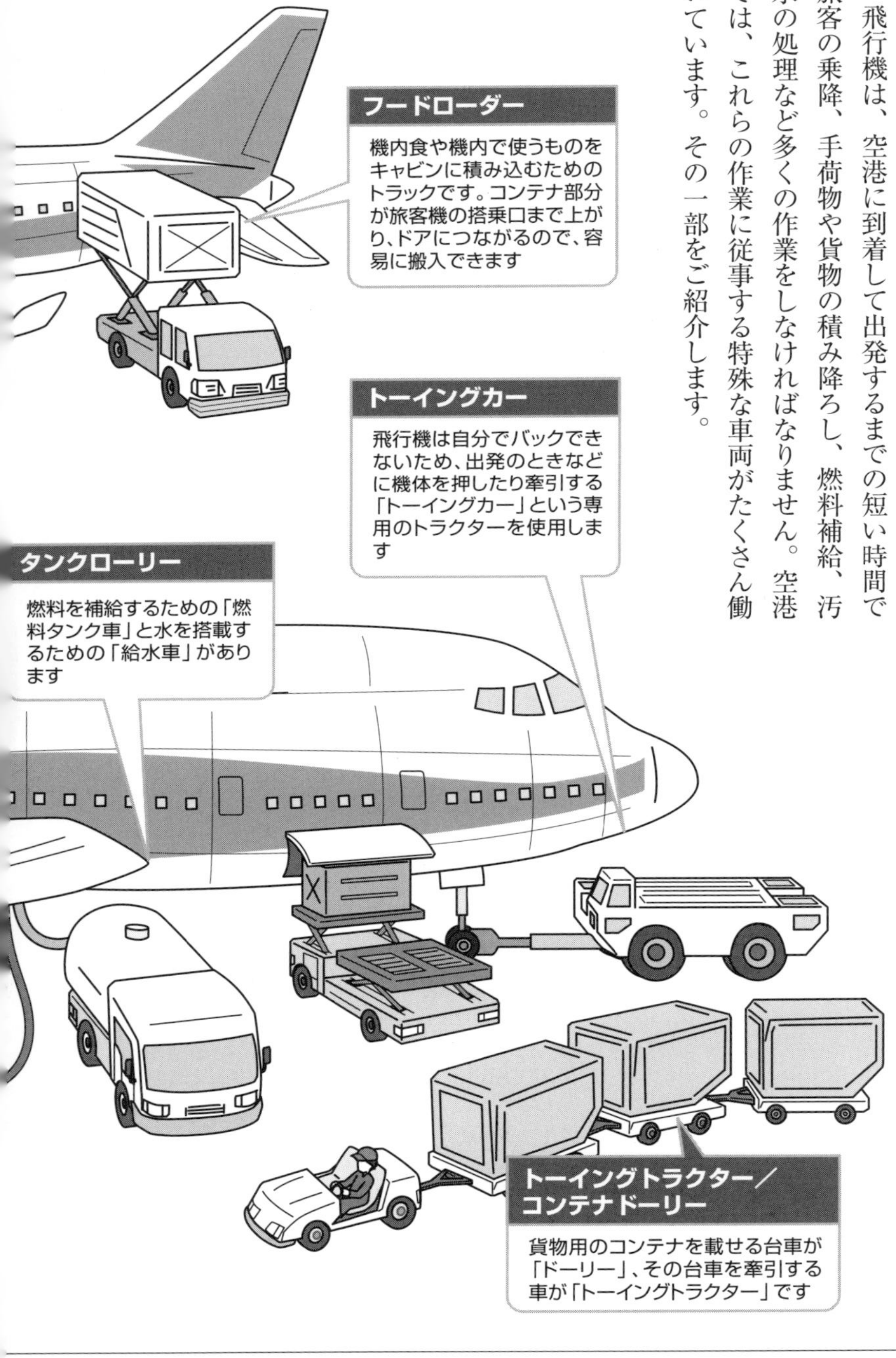
フードローダー
機内食や機内で使うものをキャビンに積み込むためのトラックです。コンテナ部分が旅客機の搭乗口まで上がり、ドアにつながるので、容易に搬入できます
トーイングカー
飛行機は自分でバックできないため、出発のときなどに機体を押したり牽引する「トーイングカー」という専用のトラクターを使用します
タンクローリー
燃料を補給するための「燃料タンク車」と水を搭載するための「給水車」があります
トーイングトラクター／コンテナドーリー
貨物用のコンテナを載せる台車が「ドーリー」、その台車を牽引する車が「トーイングトラクター」です

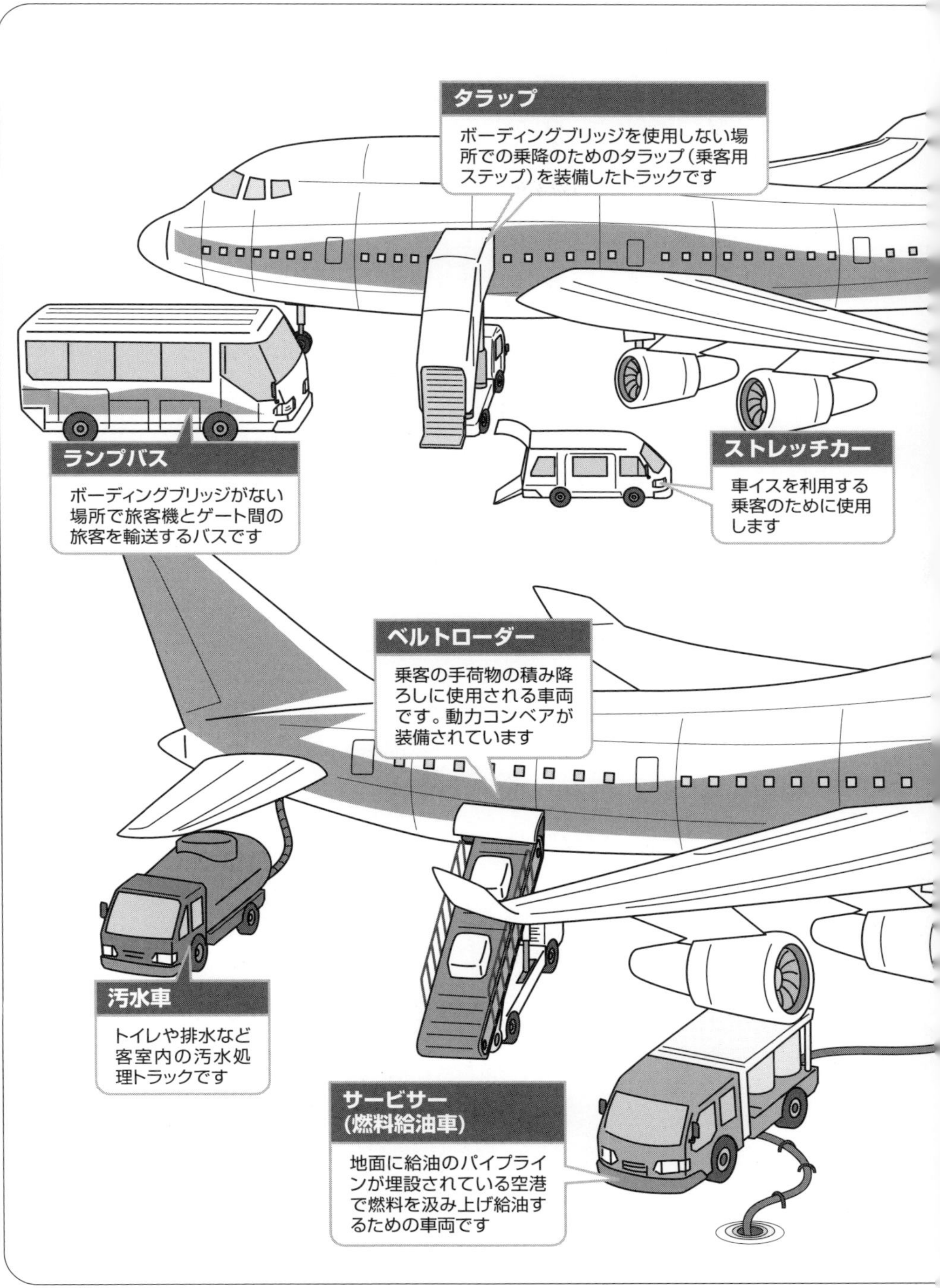
タラップ
ボーディングブリッジを使用しない場所での乗降のためのタラップ（乗客用ステップ）を装備したトラックです
ランプバス
ボーディングブリッジがない場所で旅客機とゲート間の旅客を輸送するバスです
ストレッチカー
車イスを利用する乗客のために使用します
ベルトローダー
乗客の手荷物の積み降ろしに使用される車両です。動力コンベアが装備されています
汚水車
トイレや排水など客室内の汚水処理トラックです
サービサー（燃料給油車）
地面に給油のパイプラインが埋設されている空港で燃料を汲み上げ給油するための車両です

飛行を助ける「航空保安施設」

電波、灯光、色彩あるいは形象によって航空機の飛行を助けるための施設を航空保安施設といいます。航空保安無線施設、航空灯火及び昼間障害標識の3つに分類されます。

航空保安無線施設

航空保安無線施設とは、航空機の位置を確かめて、その飛行を電波によって援助するための無線施設です。無線航法援助施設とも呼ばれます。これには、無指向性無線標識（NDB）、超短波全方向式無線標識施設（VOR）、距離測定装置（DME）、タカン（TACAN）、無線位置標識などがあります。

航空灯火

航空灯火とは、航空機の飛行や離着陸を援助するために接地されているものです。航空灯台、飛行場灯火、航空障害灯の3つがあり、次のように細分された灯火があります。

①航空灯台　航空路灯台・地標航空灯台・危険航空灯台など。

②飛行場灯火　32種類あり、主なものは次のとおりです。飛行場灯台・進入灯・進入角指示灯・精密進入経路指示灯・滑走路灯・滑走路末端灯・滑走路中心線灯・滑走路距離灯・接地帯灯・オーバーラン帯灯・誘導路灯・旋回灯・進入灯台・使用禁止区域灯など。

③航空障害灯　夜間または計器飛行状態における航空機の障害となる建築物などを視認させるための灯火です。60m以上の建築物や、これ以外でも飛行の障害になると考えられるものには、赤の点灯灯火が設置されます。東京タワーや高層ビルに夜、赤い灯が点灯しているのは航空障害灯なのです。

昼間障害標識

昼間障害標識とは、昼間飛行する航空機に対して、飛行の障害になる物があることを色や形で認識させるための施設です。地表または水面から60m以上の高さのものや、航空機の飛行の安全を妨げるものに対して、赤、黄色、白の組み合わせによる塗色、旗または表示物で知らせます。

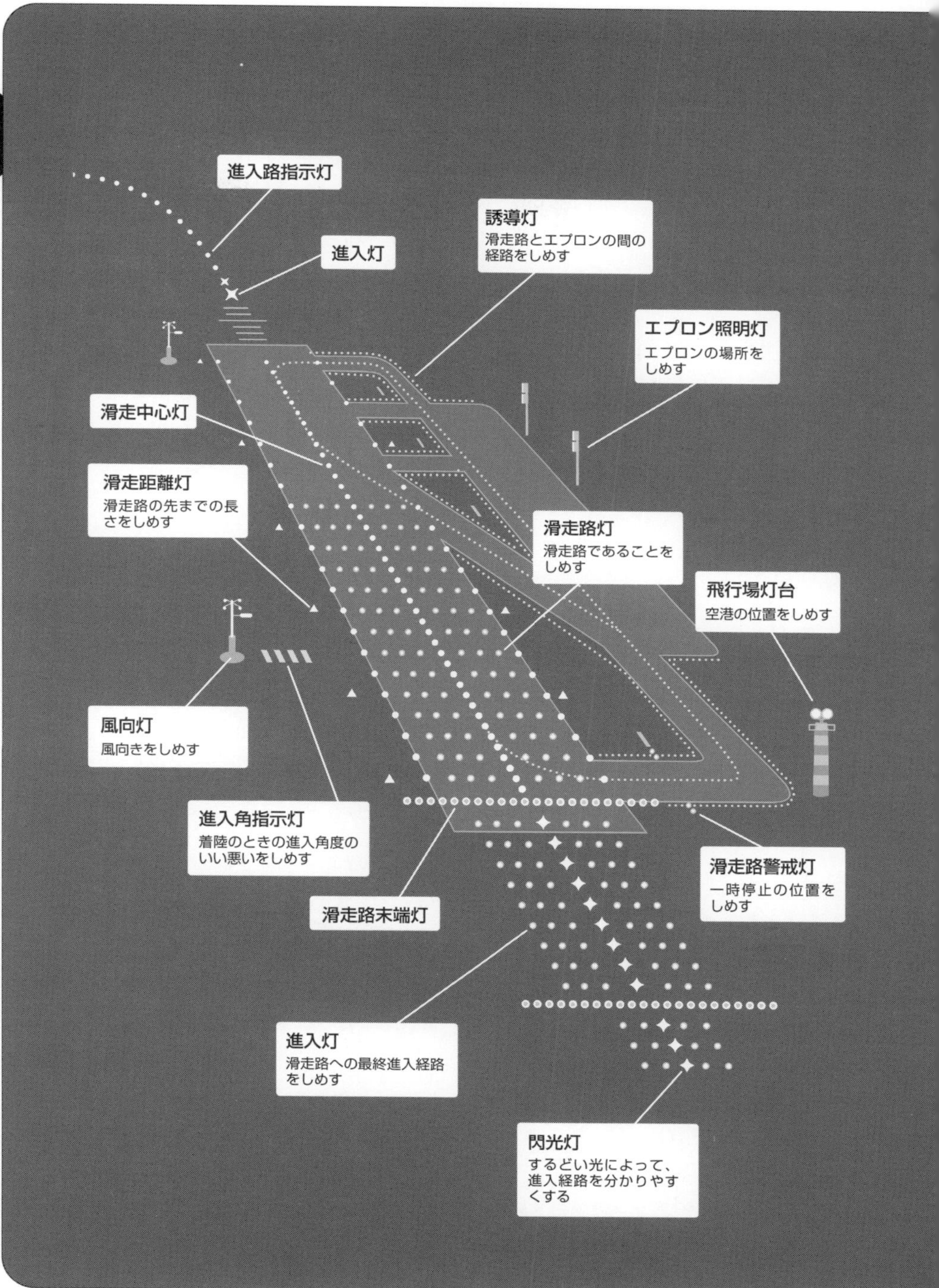
進入路指示灯
進入灯
誘導灯
滑走路とエプロンの間の経路をしめす
エプロン照明灯
エプロンの場所をしめす
滑走中心灯
滑走距離灯
滑走路の先までの長さをしめす
滑走路灯
滑走路であることをしめす
飛行場灯台
空港の位置をしめす
風向灯
風向きをしめす
進入角指示灯
着陸のときの進入角度のいい悪いをしめす
滑走路警戒灯
一時停止の位置をしめす
滑走路末端灯
進入灯
滑走路への最終進入経路をしめす
閃光灯
するどい光によって、進入経路を分かりやすくする

航空管制って何？

空港を発着する飛行機は、すべて管制官の指示に従って離着陸しなければなりません。航空管制とは、地上にいる管制官によって行われる飛行機の監視・誘導（コントロール）のことです。

つまり、航空管制とは、管制官による航空機の監視・誘導です。

管制官の指示は「絶対」

管制官の指示は絶対であり、パイロットは必ずその指示に従わなければなりません。というのも、例えば成田国際空港では2分間に1機が発着、羽田空港では1・7分に1機が発着する〝ラッシュ状態〟です。

このため、空の安全を確保するには、すべての航空機が、滑走路や周辺空域の状況を正確に把握している管制官の指示に従って飛行しなければならないのです。

管制塔で行う航空管制（管制圏）

空港で行われる管制は大きく2つに分かれます。そのひとつが、空港内にある管制塔から実際に飛行機の動きを目で見ながら行う航空管制です。この管制室はVFRと呼ばれています。滑走路の離着陸許可が主業務です。他に空港内の地上走行（タキシング）の許可も行います。VFRルームの管制の範囲は、空港から半径5マイル、高度3000フィートの空域です。

レーダールームで行う航空管制（進入管制区）

もうひとつの管制は、IFRルームと呼ばれるレーダー室で行われています。大規模空港では、空港を中心に「進入管制区」という、進入を管理・制限する空域を設定しています。この空域の航空機をレーダーで管理しているのです。空域の大きさは、空港の大きさによって異なりますが、航空機の発着数の多い空港ほど大きな進入管制区が設定されています。着陸する航空機を上空で待機させることが多いためです。離陸後も各方面の航空路に一定の間隔を保ちながら誘導しなければなりません。進入管制区が設定されているのは、羽田、成田、新千歳、仙台、中部、関西、福岡、鹿児島、那覇など大都市の空港や規模の大きい地方空港です。

航空管制は、無線を使う

管制官は地上にいて、無線を使ってパイロットと交信し、許可や指示を出して航空機をコントロールします。管制官とパイロットの無線交信は世界共通のルールに基づいて、すべて英語で行われます。

11

航空管制の種類

国内路線の飛行機の離陸から着陸までの流れを例に、航空管制にはどんなものがあるかを見てみましょう。

航空機は、出発前にフライトプランを提出して、承認を受けたという確認を得ます（クリアランスデリバリー）。離陸準備ができたらスポットから滑走路にタキシングで移動します。

そして、離陸です。離陸後は計器飛行で決められた航空路にのって目的地を目指します。目的地に近づいたら、航空路から空港へと接近して、着陸態勢に入ります。着陸後、滑走路をタキシングでスポットに移動します。

これらの一連の流れすべてにおいて、航空機は管制官指示に従わなければなりません。

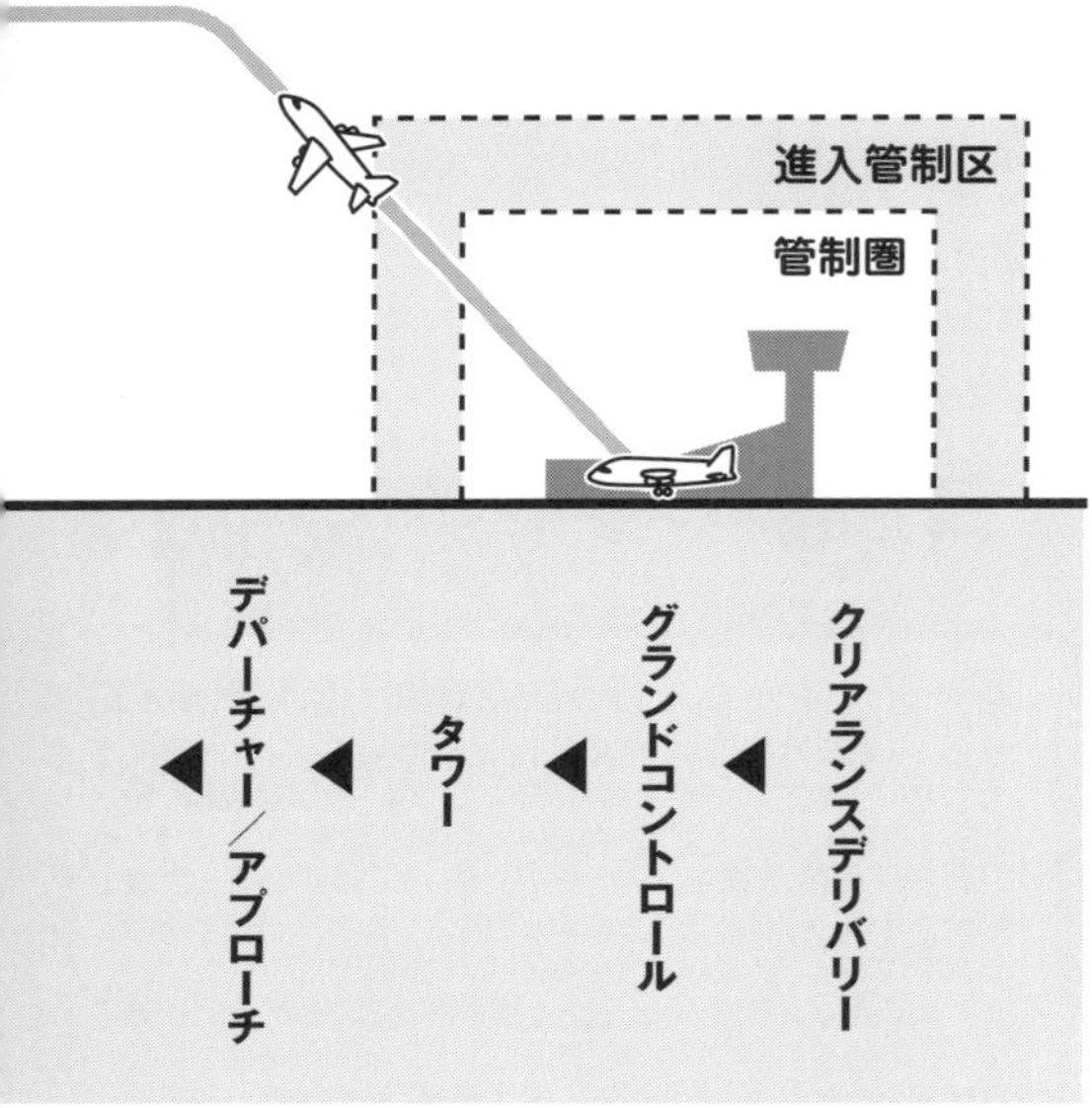

クリアランスデリバリー

計器飛行で出発する航空機は、離陸前に管制承認（ATC　クリアランス＝飛行許可）を受けなければなりません。これをクリアランスデリバリーといいます。

グランドコントロール

誘導路やスポットといった、空港内の滑走路以外の部分を地上走行する航空機や車両の管制をグランドコントロールといいます。つまり、空港内の地上の走行許可を出すことをいいます。

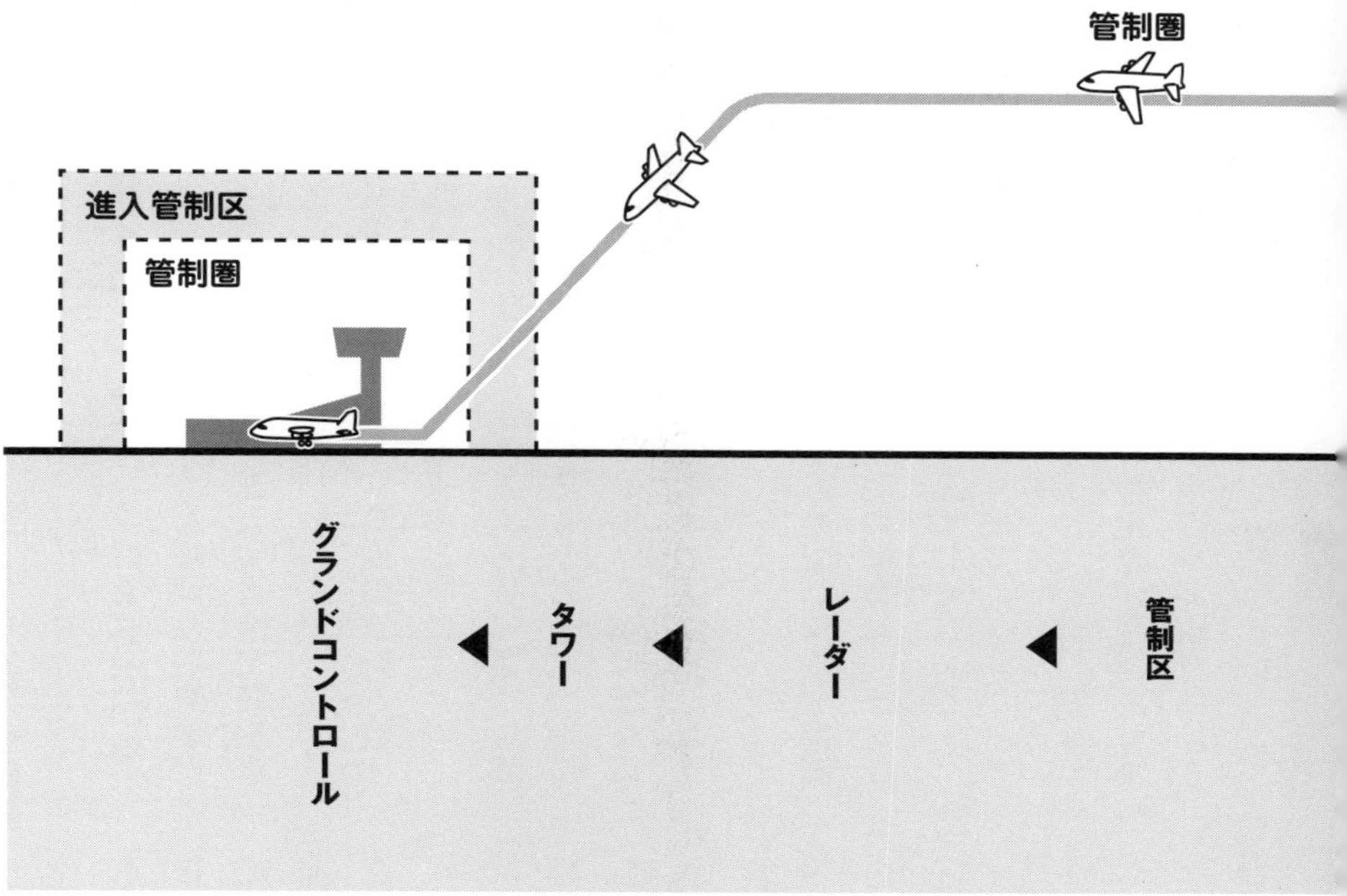

エンルート管制

離陸後、航空機は巡航（クルージング）状態になります。通常、旅客機は計器飛行で飛行するため、定められた航空路（エンルート）を通ります。このエンルートを飛行する航空機の管制をエンルート管制といいます。航空交通管制部（ACC:Area Control Center）が担当します。札幌、東京、福岡、那覇の4ACCがあり、エリアごとに業務を分担しています。

デパーチャー／アプローチ

空港を離陸して、エンルートと呼ばれる定められた航空路にのるまでのレーダー管制をデパーチャーといいます。アプローチはその逆です。

タワー

空港の管制圏内の航空機に対して、滑走路上の離着陸許可を出します。

12 滑走路のNo.は何を意味する？

全世界の滑走路すべてに「数字」がつけられている

滑走路には必ずランウェイナンバーと呼ばれる数字がつけられています。これによって、進入する滑走路や進入方向を間違えることはありません。

ランウェイナンバーは、方角を表す角度の2桁の数字で表します。滑走路は1本でも、進入の方向によって2通りに使われますから、ナンバーも進入方向によって異なります。例えば、南北の滑走路があるとします。南から北に向かって使用する場合は「ランウェイ36」となって、反対に、北から南に向かって使用する滑走路は「ランウェイ18」となるわけです。

では、方位が端数の場合はどうするのでしょう。福岡空港の滑走路のように、方位156度の場合は「ランウェイ16」です。つまり、四捨五入するわけです。

滑走路が複数ある場合は？

滑走路が2本以上あっても角度が違っていれば数字が違うので問題ありませんが、2本の滑走路が平行してある場合はどうするのでしょう。成田空港や羽田空港は2本の滑走路が平行して走っています。この場合、数字の後にレフトの「L」とライト「R」をつけて区別します。成田空港の場合、左側（北向きに使用）を「ランウェイ34L」、右側を「ランウェイ34R」のように使います。これらの滑走路を逆方向に使う場合は、それぞれ「ランウェイ16L」、「ランウェイ16R」となります。

3本平行している場合は、真ん中の滑走路にセンターの「C」を使います。4本の場合は、2本の数字をずらして使います。

例えば北海道の千歳には、自衛隊の千歳基地の2本の滑走路と民間の新千歳空港の2本の滑走路、合計4本が平行して設置されています。ここでは、自衛隊の滑走路を「ランウェイ18L／R」、民間の滑走路を「ランウェイ19L／R」とナンバーをつけています。

なお、「ランウェイ18L」は、「ランウェイ・ワン・エイト・レフト」と英語で読みます。また、数字は1字ずつ分けて読みます。「ランウェイ01」の場合は、「ランウェイ・ゼロ・ワン」と読みます。

成田空港のランウェイナンバー

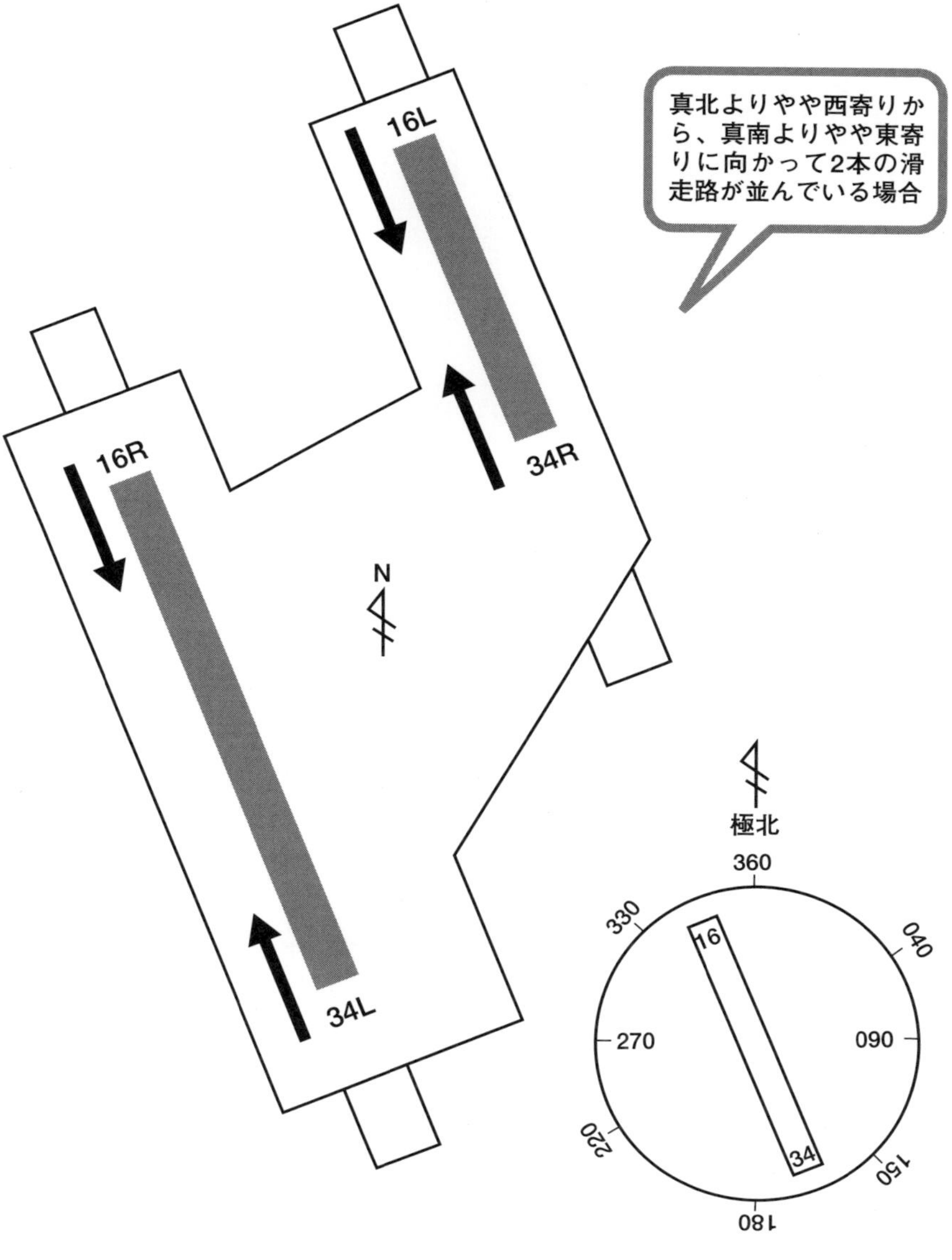

方位図

使用滑走路の決め方

風向きによって使用滑走路を決める

空港には通常、何本かの滑走路がありますが、離着陸の際に「どの滑走路を使用するか」は、どのような基準で決められるのでしょうか？　それは風向きです。

飛行機は風に向かって離着陸するのが基本です。したがって、風向きの変化に合わせて使用滑走路も変わるというわけです。

飛行機は正面からの風によって最大の揚力を得ることができます。追い風の場合は滑走距離が長くなり、オーバーランの危険性が高くなります。

このため、「滑走路をどの方向に作るか」が、空港の建設段階で非常に重要なポイントです。

気象条件を十分に考慮して設計されるのですが、土地の広さや地形の関係で条件のよくない空港もあります。北風と南風が交互に入れ替わることが多い、というのが日本の気象条件の特徴なので、日本の空港は南北に近い向きで滑走路が設置されていることが多いようです。

北風が吹いていたら、滑走路を北向きに使用して、南風になったら逆に南向きに使用するわけです。

旅客機の離着陸に横風は好ましくないわけですが、南北に滑走路がある場合でも、風はいつも南北どちらかから吹くわけではありません。いくらかは横風が吹くのは仕方ありません。その場合、できるだけ横風の割合の少ない方向の滑走路を選んで使用することになります。

離陸と着陸で使用滑走路を分けている空港

滑走路の延長線上に障害物があるような空港（山岳地帯など）では、例外的に風向きに関係なく離陸時と着陸時の使用滑走路を必ず別になるようにしています。この場合、片方の滑走路は追い風での離着陸を余儀なくされます。

富山空港やネパールのカトマンズ空港など、世界にはこうしたパイロット泣かせの空港も少なくありません。

映画で、空母から艦載機が飛び立つシーンをご覧になったことがあるでしょうか？　その場合、空母が大きく方向転換するのが常です。空母を風上に向けることで、飛行機の離陸を容易にしているわけです。

滑走路面上の主な記号

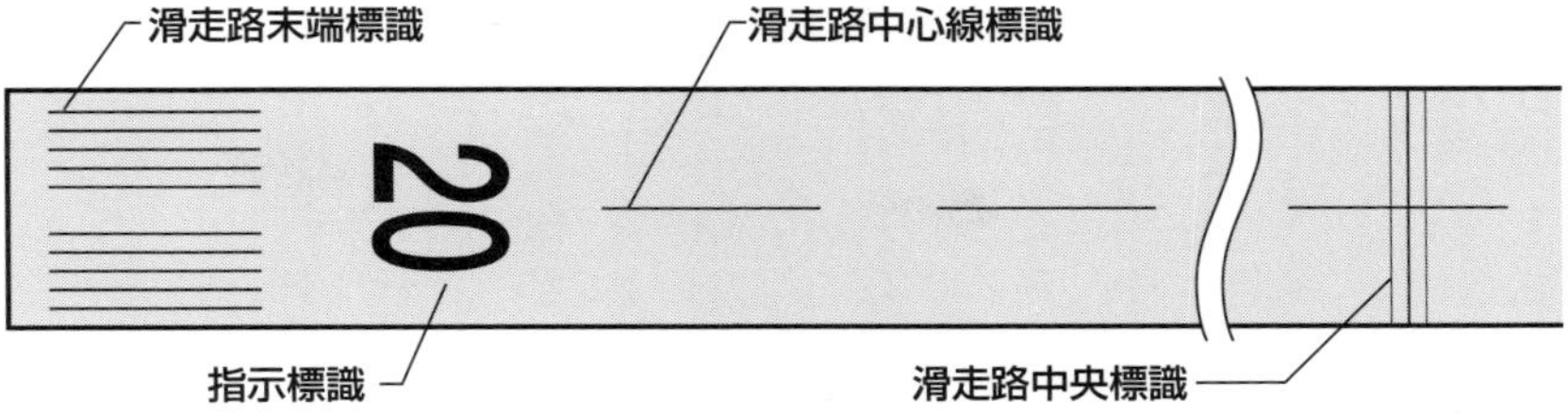

過走帯標識

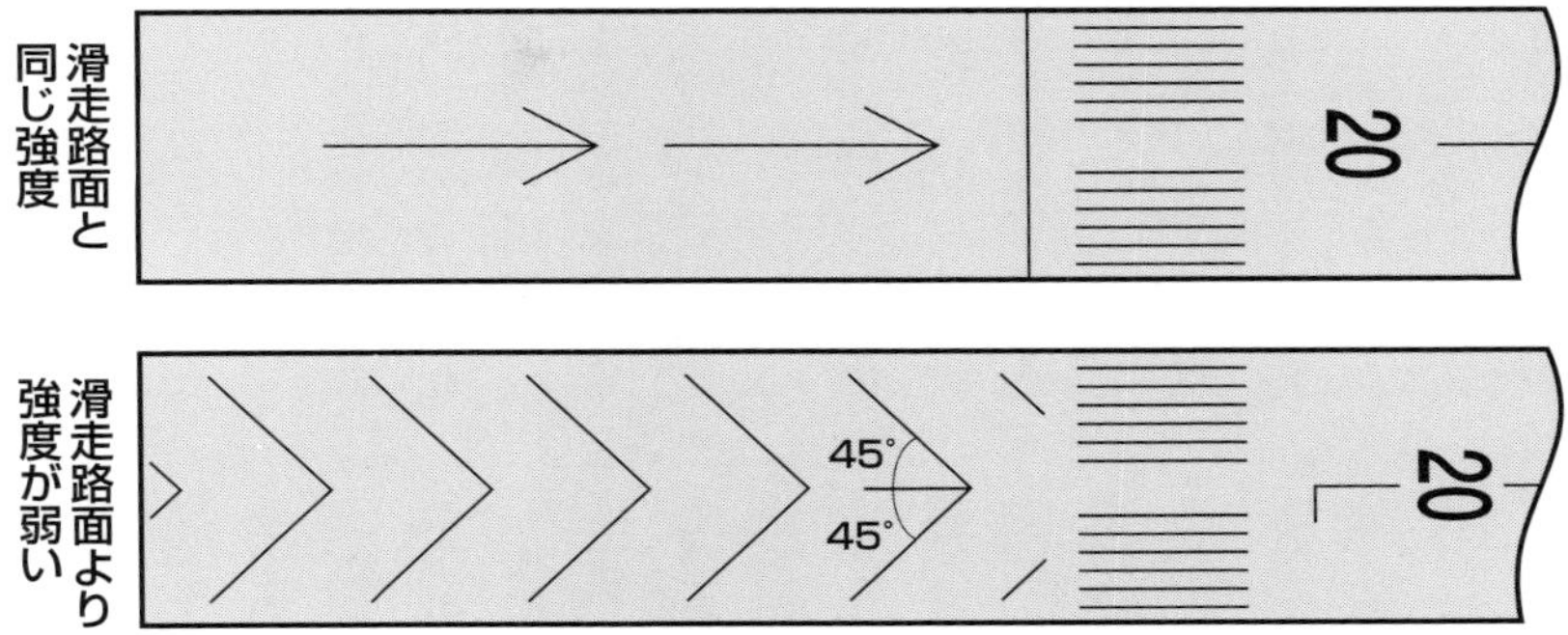

飛行場標識施設の一例

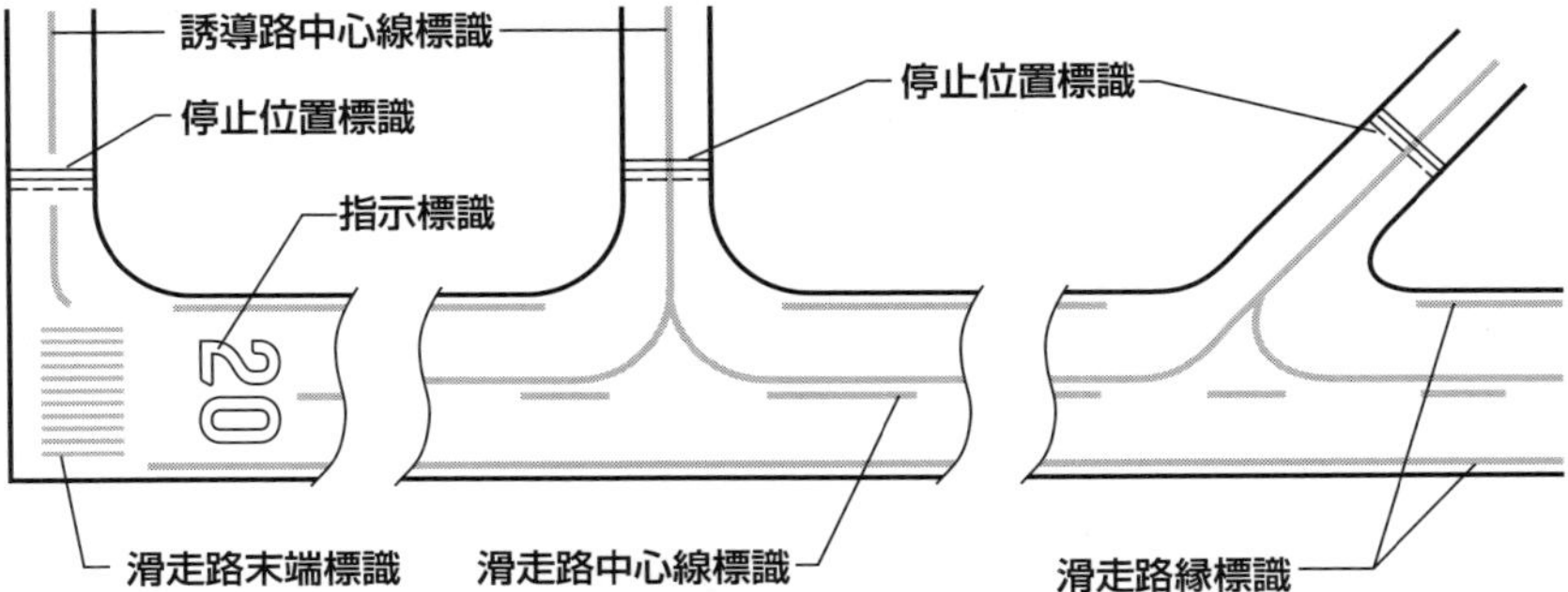

14

滑走路の使い方のルール

日本の代表的な空港である羽田空港と成田空港を例に、滑走路の使用法についてみてみましょう。

横風用滑走路を持つ羽田空港

羽田空港にはA滑走路、B滑走路、C滑走路の3本の滑走路があります。3本のうち2本（A、C滑走路）は平行滑走路で、残る1本のB滑走路は横風用滑走路です。ランウェイナンバーはそれぞれ、A滑走路がランウェイ16R／34L、C滑走路がランウェイ16L／34R、B滑走路がランウェイ04／22です。

通常使われるのはA、C2本の平行滑走路です。北風の場合は、ランウェイ34Lおよびランウェイ34Rが着陸用として使用されます。南風の場合はランウェイ16Lとランウェイ16Rが使われます。

横風が強いときにB滑走路を代替的に使います。西風が強い場合にランウェイ22を着陸に使用しますが、空港西側に住宅密集地帯があるために、ランウェイ04やランウェイ22を離着陸に使用することはほとんどないようです。日本は国土が狭く用地の確保が難しいため、横風用滑走路を備えている空港は多くありません。横風用滑走路があるのは、羽田のほかは仙台、新潟などわずかです。羽田のように横風用滑走路を備えていても、使用に制約があることもあります。

成田空港には暫定滑走路がある

成田空港は2002年に2本目のB滑走路（ランウェイ16L／34R）が完成しましたが「暫定滑走路」と呼ばれる制限つきの滑走路です。「暫定」と呼ばれるのは、滑走路の長さが2180mと、短いからです。

ジャンボジェットなど国際線に就航している大型旅客機の離着陸には3000〜4000mの滑走路が必要です。したがって、B滑走路はジャンボジェットB747や、MD11、DC10などの離着陸には使用できない、なんとも中途半端な滑走路なのです（ちなみにA滑走路は4000m）。日本の玄関としては少しお粗末です。なお、世界一多くの滑走路を持つのはシカゴ・オヘア空港で7本（実際使用しているのは6本）、オランダのスキポール空港には6本の滑走路があります。

東京国際（羽田）空港

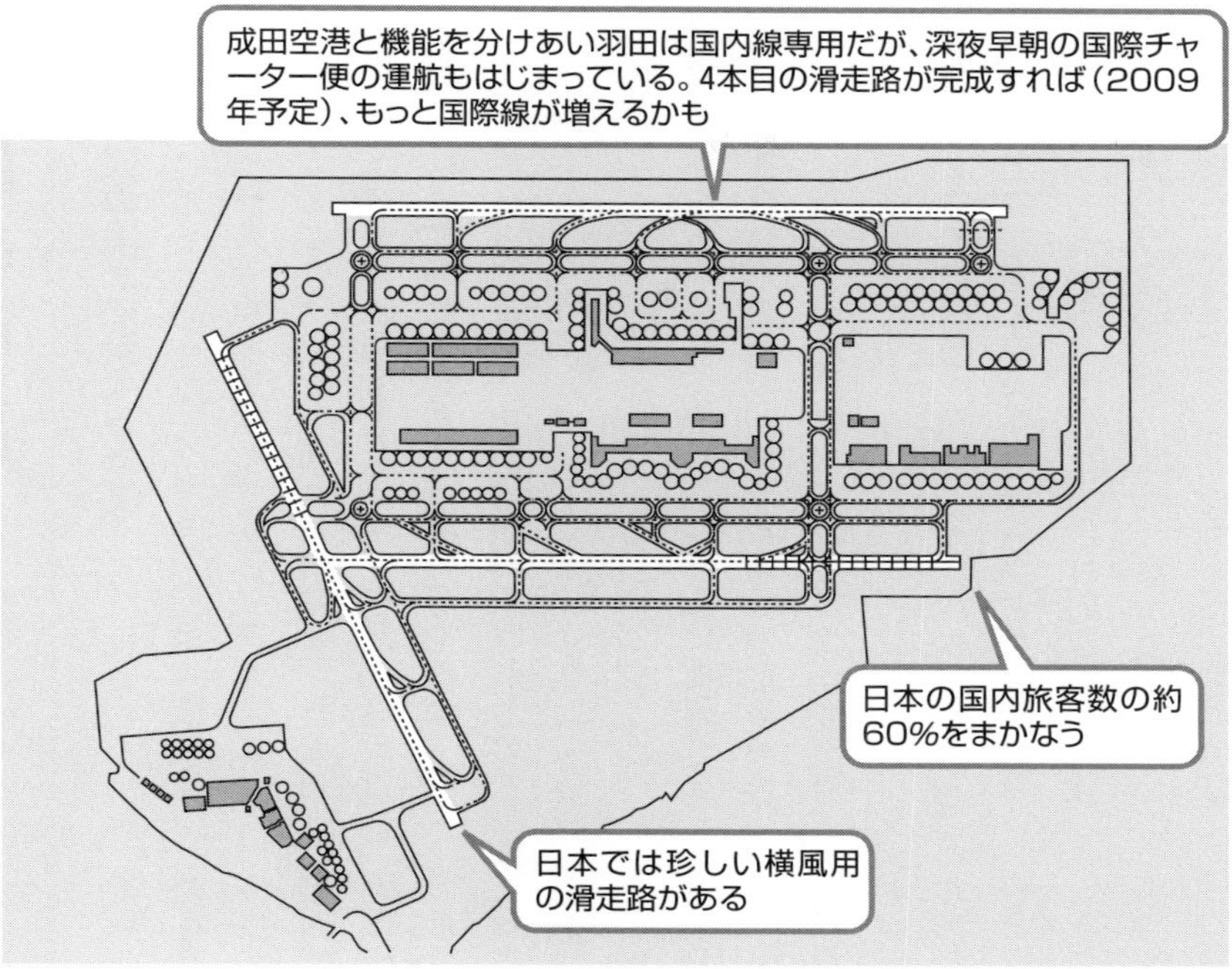
成田空港と機能を分けあい羽田は国内線専用だが、深夜早朝の国際チャーター便の運航もはじまっている。4本目の滑走路が完成すれば（2009年予定）、もっと国際線が増えるかも
日本の国内旅客数の約60%をまかなう
日本では珍しい横風用の滑走路がある

成田国際空港

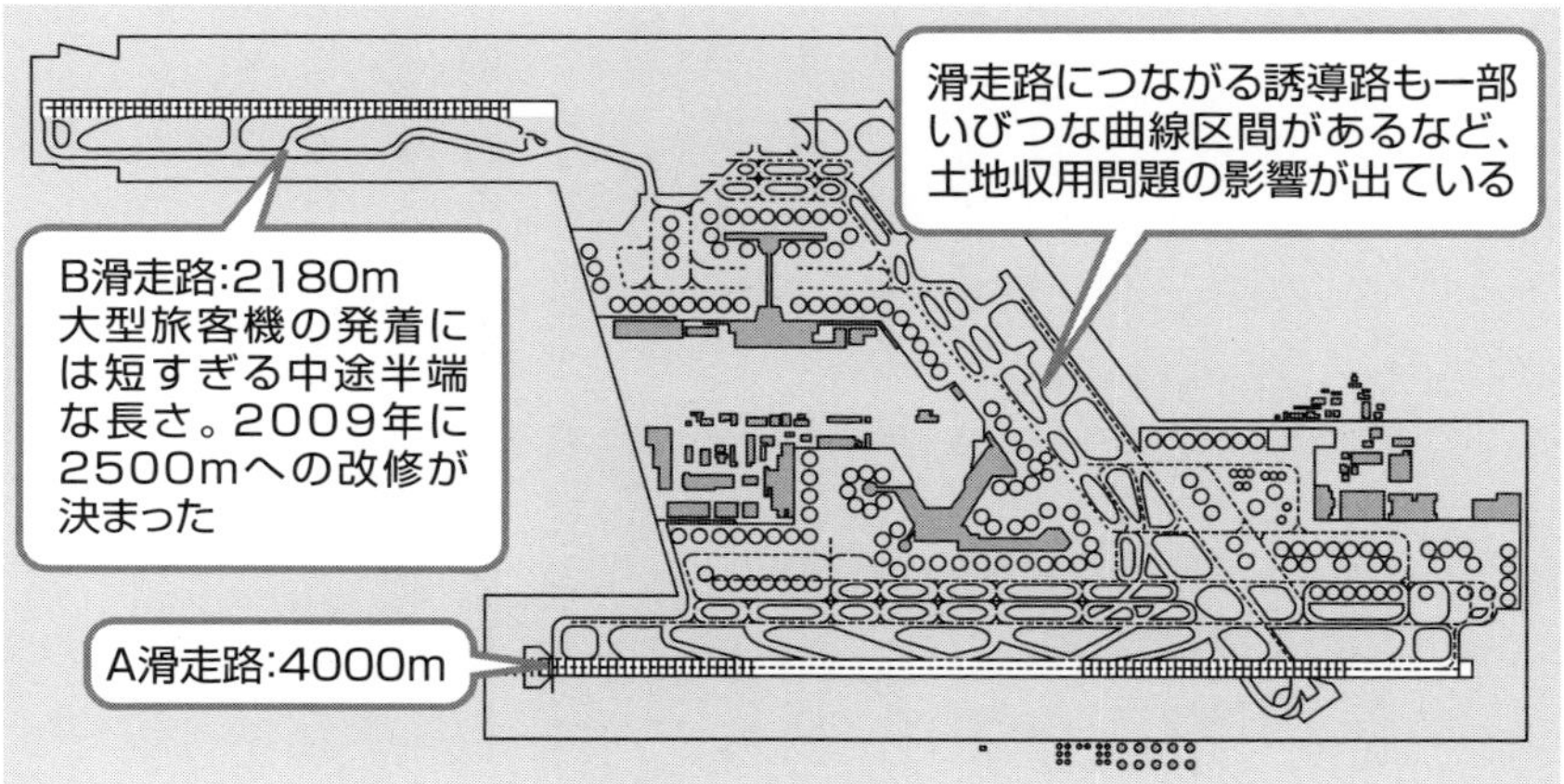
滑走路につながる誘導路も一部いびつな曲線区間があるなど、土地収用問題の影響が出ている
B滑走路:2180m
大型旅客機の発着には短すぎる中途半端な長さ。2009年に2500mへの改修が決まった
A滑走路:4000m

滑走路の強度と構造

400トン弱の衝撃に耐える強度

ジャンボジェット（B747-400）の最大離陸重量は396トン、最大着陸重量は286トンあります。

通常の着陸時でも200トンを超える重量で、その速度は時速200～250kmにも達します。当然、一般道ではこの衝撃には耐えられません。空港の滑走路は、こうした衝撃にも耐えられるような強度が要求されるのです。

滑走路を建設するときには、何メートルも掘り下げ、何層にも基礎工事を行います。その上にさらに何回もアスファルトを塗り重ねることで、強くて硬い滑走路が造られます。幾重にも塗られたアスファルトは2～3mもあるということです。

強度を測る2つの数値

ただし、すべての空港でジャンボジェットが離着陸するわけではありませんから、その空港の目的にあった強度があればよいということになります。

そこで、滑走路の強度をACN-PCN法という方法で表し、それぞれの滑走路に離着陸する飛行機の重さに耐えられるかどうかを示しています。

ACNというのは、飛行機がある標準とされた強度の路面に及ぼす影響を数値で表すものです。離着陸、あるいは空港内での移動の時に、滑走路の路面にどのくらいの重さ、衝撃を与えるかということを数値で表すのです。

一方、PCNは舗装面の強度を数値で表すものです。つまり、滑走路の路面の強度です。飛行機の種類ごとにACNの数値が決まっていますから、滑走路の路面の強度（PCN）が強ければ離着陸が可能ということです。

エアバス新機種は従来にない重さ

なお、新たに登場するエアバス社のA380は、ジャンボジェットより一回り大きく、最大離陸重量は560トンと、B747に比べて100トン以上も重量が増しているため、それだけ滑走路の強度も必要になります。

そこで、A380の受け入れのために滑走路の補強に取り組む空港もあります。

200トン以上の重量に耐える、頑丈な滑走路

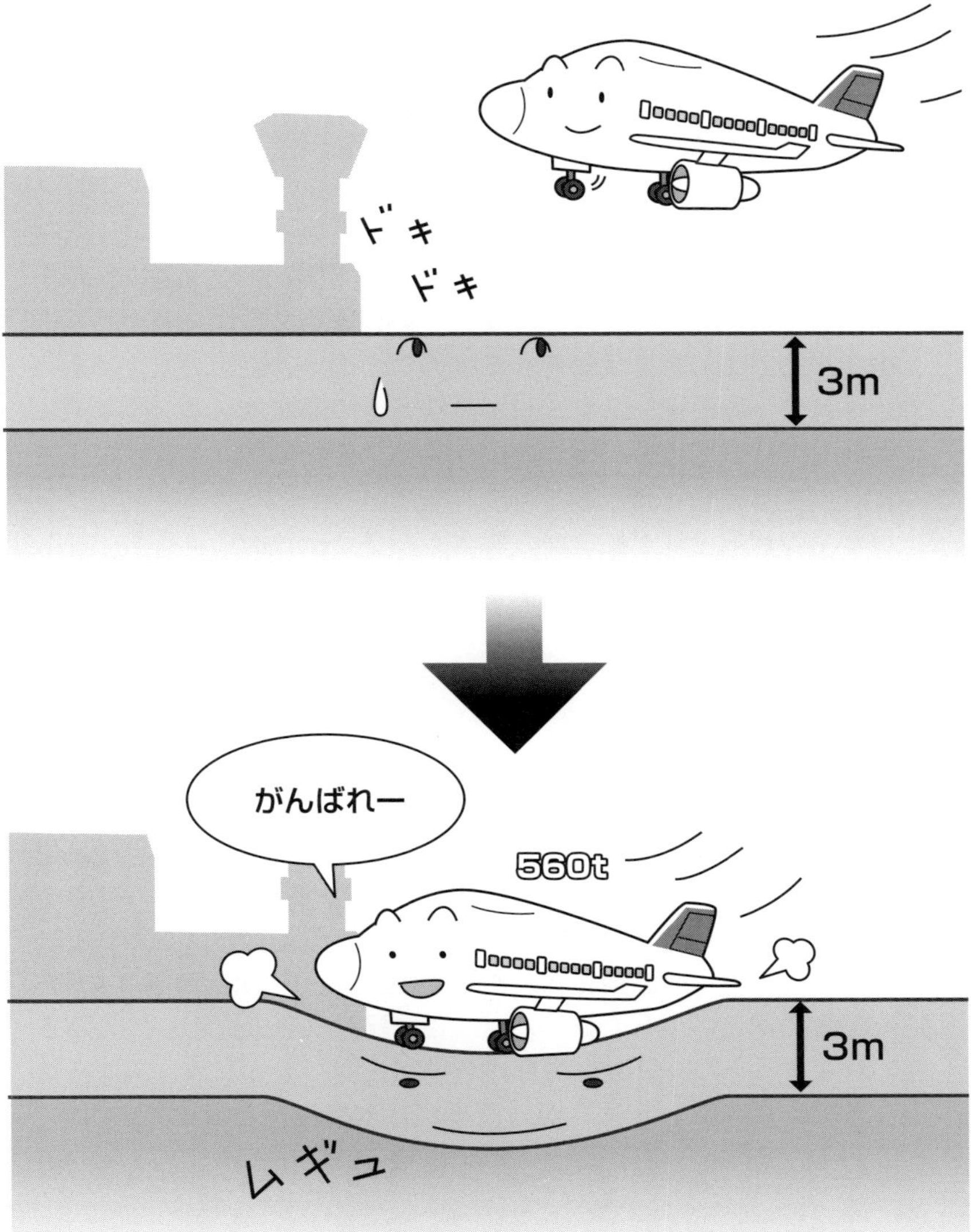

COLUMN

日本初飛行と最初の航空機事故

日本で最初の航空機事故は、1911年４月９日、梅北大尉の操縦するグラーデ機で起こりました。離陸のための滑走中に突然エンジンが全開となって機体が急上昇、15メートルまで上昇したところで失速、墜落しました。これが日本最初の航空機事故です。

また、戦後では1952年４月９日午前８時７分頃、日本航空、羽田発大阪経由福岡行き「もく星」マーチン２型機（N93043）が伊豆大島三原山御神火茶屋付近に墜落し、乗客乗務員37名全員が死亡したのが最初です。第２次世界大戦後のこの頃は、直接の航空活動が禁止されている時代であり、日本航空もその運航はノースウエストに委託していました。「もく星」の機材、運航乗務員とも米国人でした。

日本での初飛行はドイツから輸入したグラーデ機によるものでした。グラーデ機はドイツのハンス・グラーデが開発したものでこう呼ばれます。ライト兄弟より１年早く飛行機の設計に取り掛かっていたといわれています。1909年、空冷25馬力の単葉機を開発、生産を始め同時に飛行機学校も開いたのです。

日本陸軍は、グラーデ機を購入するとともに日野熊蔵大尉を派遣して操縦を習わせました。このときに購入したグラーデ機は、全長7.5m、全幅10.5m、エンジンは４気筒24馬力、重量330kg、最高速度57.6km/hというものでした。

日本での日野大尉による初飛行は、1910年12月14日に行われました。１回目の飛行が高度１m、飛行距離30m。２回目が高度10m、飛行距離60mというものでしたが、この記録は非公式として公認されておらず、その５日後の12月19日徳川大尉によるフランスから輸入したアンリ・ファルマン機の飛行が日本初飛行となっています。このときの飛行は、高度70m、距離3300mでした。

2章

飛行機の基礎知識

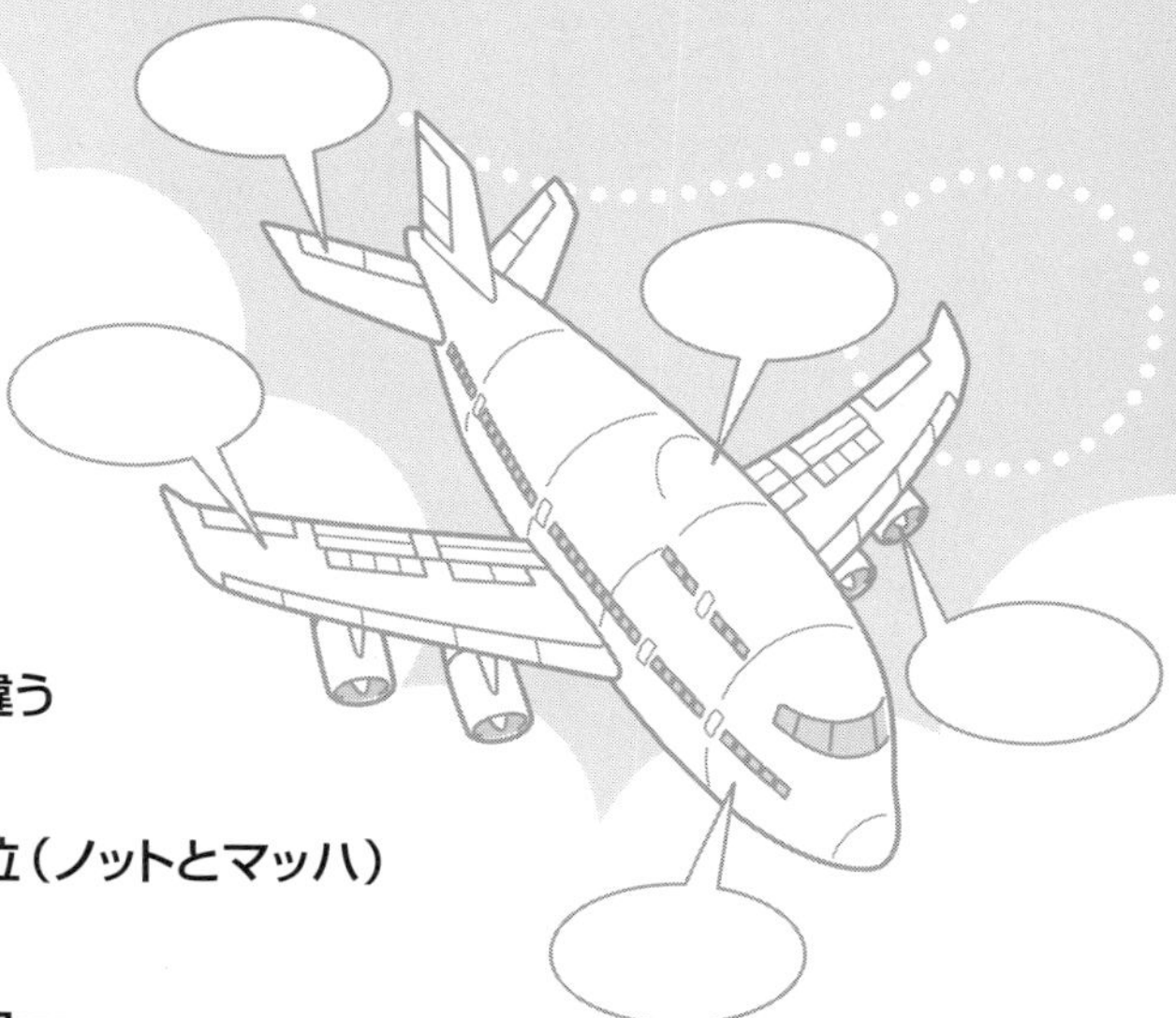

飛行機と航空機は違う

飛行機と航空機の定義

「飛行機」と「航空機」——同じように使われることがありますが、実は2つの言葉の意味は違います。

では、「飛行機」とはいったい何なのでしょう。ヘリコプターやグライダーは飛行機ではないのでしょうか。また、どう違うのでしょうか。

航空機の航行の安全と航行の障害の防止を目的に定められた法律「航空法」では、人が乗って空中を飛ぶことができる機械を総称して「航空機」としています。

そのうち、動力によって前進し、固定された翼に生じる揚力で飛ぶものを「飛行機」としています。

例えば、グライダーは動力を持っていません。ヘリコプターは固定された翼がありません。したがって、これらは「航空機」ですが、「飛行機」ではありません。同様に飛行船や気球も「航空機」です。宇宙ロケットやスペースシャトルは動力を持ち人が乗っていますが、行動範囲が空中でなく宇宙であるため「航空機」とは区別されています。

航空機の種類

「航空機」は、空中に上がったり止まったりする力をどのようにして得るかによって、軽航空機と重航空機に分けられます。

軽航空機は、空気より比重の軽いヘリウムガスや熱空気から浮力を得て空中に上がるもので、気球や飛行船がこれにあたります。一方、重航空機は翼に生じる揚力によって空中を飛行するものをいいます。

重航空機はさらに、動力の有無によって分類されます。重航空機のうち、動力のないものがグライダーです。動力のあるものは、翼の形状によっても分類され、固定翼機と回転翼機に分けられます。回転翼機にはヘリコプターやジャイロダインがあり、固定翼機が飛行機です。また、固定翼と回転翼の両方を備えた航空機もあります。

つまり、「航空機」の中で、推進用の動力装置を備え、固定翼を持ち、その固定翼に生じる揚力により空中を飛行できるもので、かつ人が乗っているものを「飛行機」というのです。

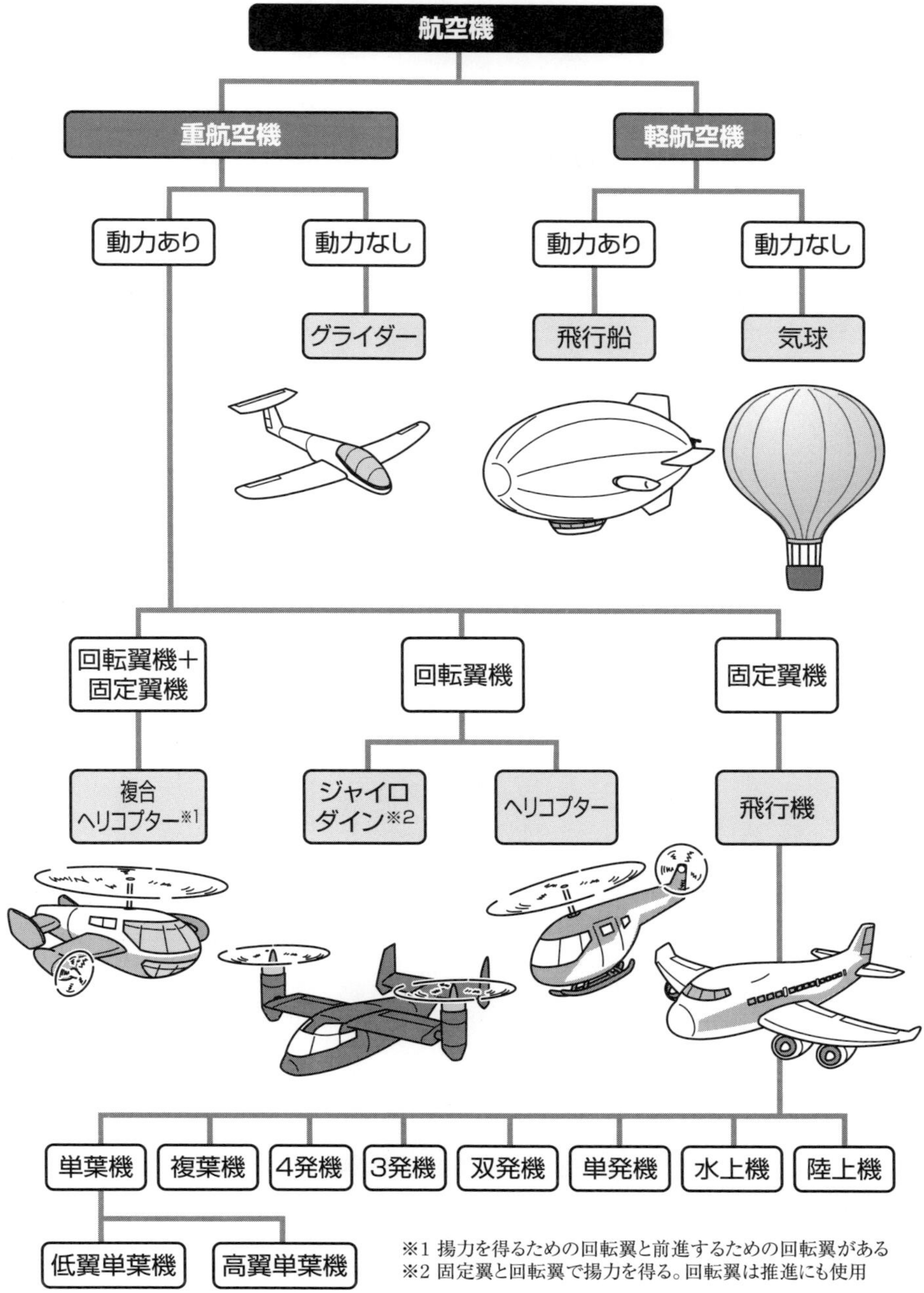

※1 揚力を得るための回転翼と前進するための回転翼がある
※2 固定翼と回転翼で揚力を得る。回転翼は推進にも使用

飛行機の種類

飛行機は、推進装置の種類や用途、航続距離、大きさ、座席数などによって多くの種類に分類されます。

推進装置・翼の形状の種類

飛行機の推進動力には「ジェット機」と「プロペラ機」の2種類があります。「プロペラ機」には、シリンダー内のピストンが往復してクランク軸を回転させプロペラを回す「ピストン機」と、ガスタービンでプロペラを回す「ターボプロップ機」があります。現在は、軽飛行機など小型機以外の「プロペラ機」のほとんどが「ターボプロップ機」です。

推進装置であるエンジンが1基のものを「単発機」、2基を「双発機」、3基を「3発機」、4基のものを「4発機」といいます。

主翼の数によって、主翼が2枚の複葉機と1枚の単葉機に分けられます。単葉機はその主翼の位置によって低翼単葉機と高翼単葉機に分類されます。また、主翼の平面の形の違いによって、短形翼、楕円翼、後退翼、三角翼、前進翼に分けられます。

用途・航続距離・座席数による分類

飛行機は、その用途によって軍用機と民間機に分けられます。軍用機には戦闘機、爆撃機、偵察機、空中早期警戒機、輸送機、給油機、哨戒機、対潜機などがあります。民間機には旅客機、貨物機、ビジネス機、自家用機、作業用機、観光用機、観測機などが挙げられます。

座席数による分類もあります。

大型機は主として国際線に使用されるボーイング社のB747-400やエアバス社のA380などです。これらは座席数400以上で航続距離も1万6000km以上あります。中型機は座席数250〜300で、都市間飛行など中・短距離の路線用です。小型機は座席数100未満のもので、座席数10以下のものが軽飛行機です。

幹線輸送以外の地域輸送サービスに従事するコミューター、航空写真やニュース取材等に使う飛行機や自家用飛行機のことをジェネラルアビエーションという分類もあります。

エンジン数

大型の旅客機では、トラブルに対する安全性からも双発以上のエンジンを搭載するのが一般的。これからエンジンの信頼性が高くなれば、大陸間飛行でも四発ではなく、双発のエンジンを搭載するようになるだろう。

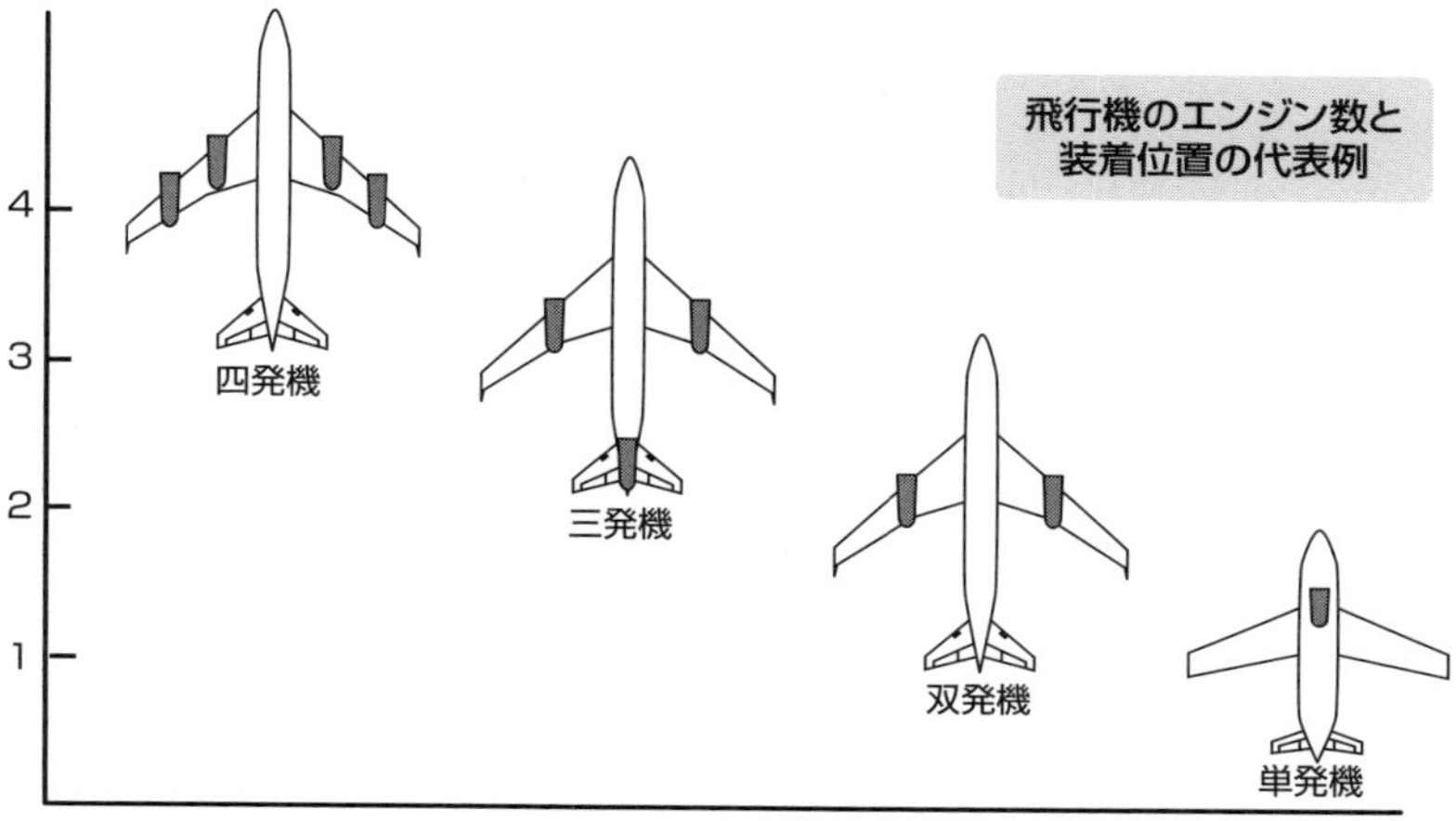

翼の取付け位置

低翼機

一般機に多い。

中翼機

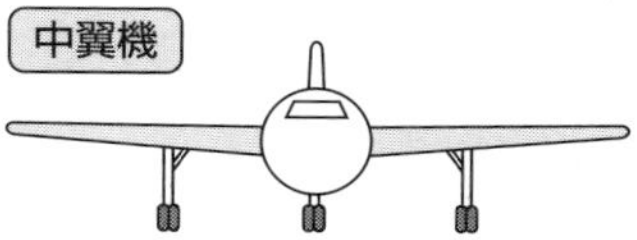

高翼機

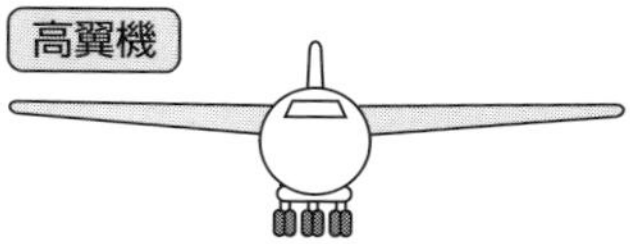

貨物の出し入れがしやすいことから、輸送機に多い。

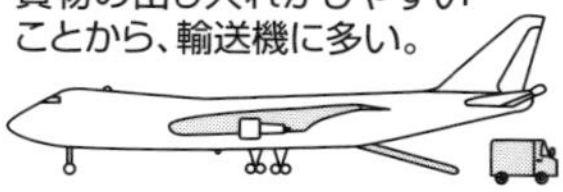

主翼の平面形

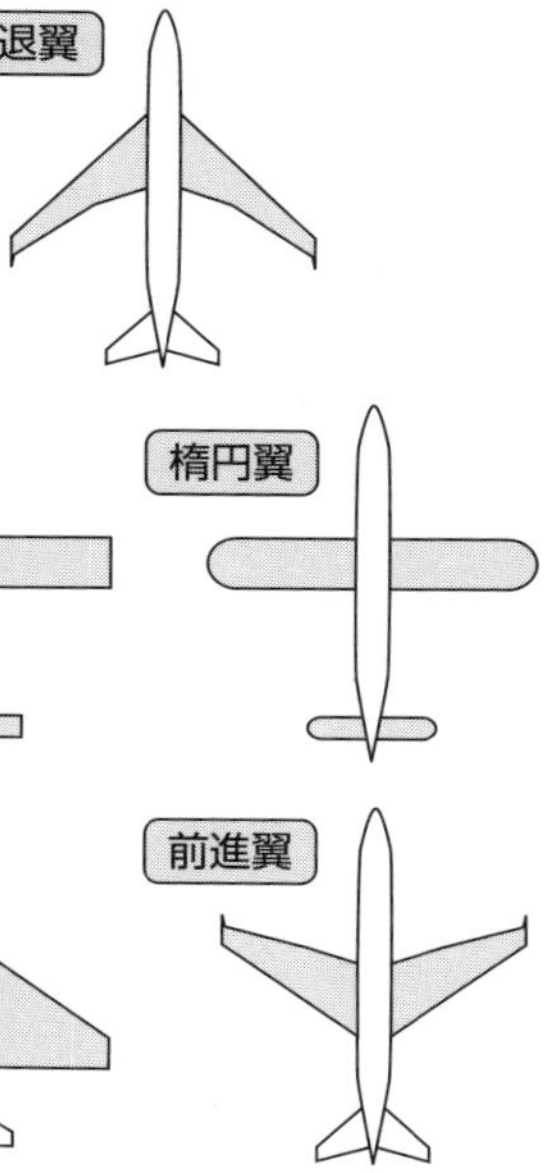

飛行機の速度の単位（ノットとマッハ）

飛行機の速度は、キロメートル（km）のほかに、ノット（Knot　略号Kt）とマッハ（Mach　略号M）の2つの表し方があります。飛行機の速度によっても単位を使い分けています。速度があまり速くない場合はノット、音速に近い高速の場合はマッハを使います

ノット（Knot）

1時間あたりに何マイル（Nautical Mile　海里：NM）進むかを表すものがノットです。1ノットは、1時間あたりに進むマイル数（NM／h）で、1マイル（＝1・852km）は、地球の緯度1分の長さです。

マッハ（Mach）

マッハとは、音速を基準にした速度です。1Mが音速と同じ速度で、気温15℃、1気圧の地上の場合で秒速340・3mです。時速にすると1225kmです。

音速は気温が低くなると減少します。高度が高くなると気温が低くなるため音速は減少します。

通常の飛行速度を巡航速度といいます。旅客機の巡航速度は、音速の70～80％くらいです。「0・8M」とか「0・75M」というように、小数点以下1桁か2桁で表します。

旅客機は音速を基準にした速度によって、「亜音速機」「遷音速機」「超音速機」に分類されます。

亜音速機は、巡航速度がマッハ数で0・75以下を指します。ピストンエンジンのプロペラ機は最高速度がマッハ0・55程度なので、ピストンエンジンのプロペラ機は亜音速機といえます。

遷音速機は、亜音速機より早い速度で飛行し一部で音速を超えた速度になるものをいいます。遷音速機の巡航速度はマッハ0・8～0・9です。

超音速機とは、飛行機のまわりのすべての場所での気流が音速を超える、簡単にいえば音速を超えて飛行する飛行機のことです。マッハ1・2～5・0程度です。

超音速旅客機としてコンコルドがよく知られています。ロンドン・パリとニューヨークを結ぶ定期便が運行されていましたが、パリでの事故がきっかけで運行停止に。現在、安全で低騒音の超音速機が開発されています。

音速飛行の種類

亜音速
飛行機の周囲のすべての気流が音速以下の状態。マッハ数0〜0.75程度

遷音速
飛行機の周囲の気流に音速以上と音速以下が混ざる状態。マッハ数0.75〜1.25程度

超音速
飛行機の周囲のすべての気流が音速を超えた状態。マッハ数1.2〜5.0程度

極超音速※
飛行機の周囲のすべての気流が超音速を超えた状態。マッハ数5.0程度〜

飛行速度は音速を超えていない状態でも翼の上側の気流の速度が音速を超えることがある

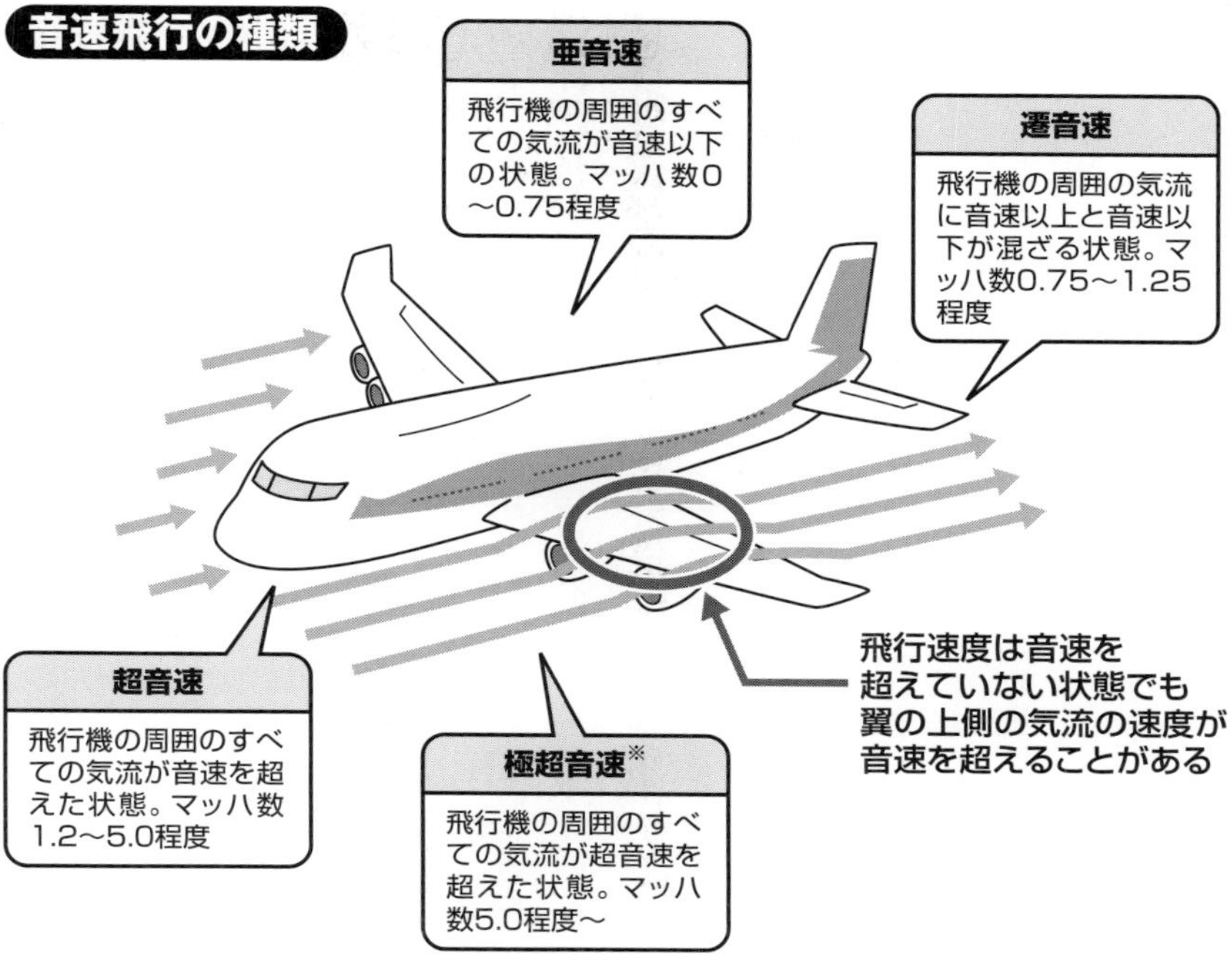

※物理学的な気流の状態が超音速とは変化することから別の区分にされ、現在も研究が続いている領域。マッハ数4.0以上や6.0以上とする場合もある

音の伝わり方

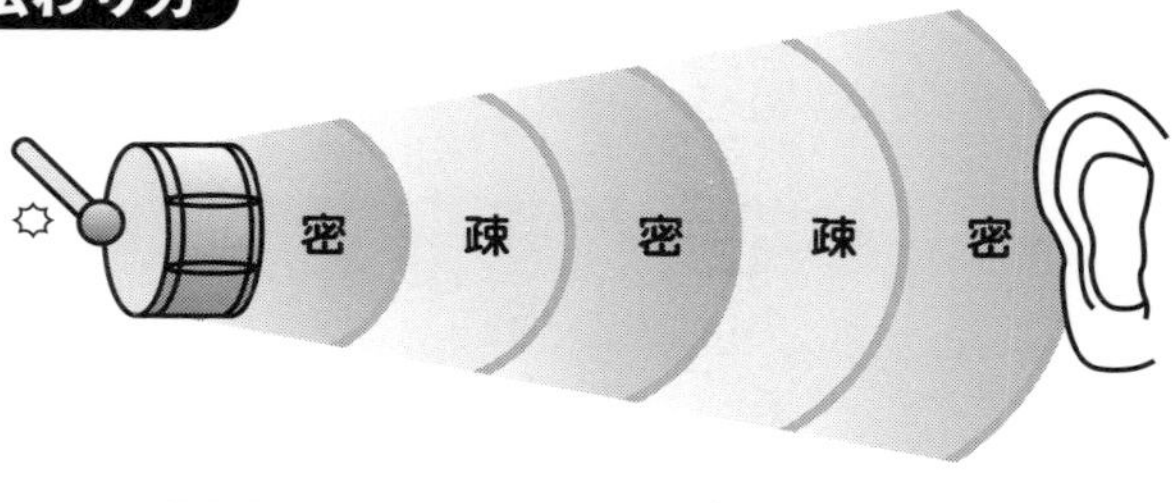

振動が空気を押したり引いたりして圧力の高い部分と低い部分を交互に作る。圧力の高い部分（密）と低い部分（疎）が交互に広がっていき、振動を伝える。圧力の高い部分と低い部分が交互に鼓膜を押したり引いたりして振動が聞こえる

04

飛行機のエンジン

レシプロエンジンとガスタービンエンジン

飛行機はエンジンが生み出す推進力によって揚力を得て、飛ぶことができます。

初期の飛行機はプロペラ機で、エンジンは自動車のエンジンを改良したものでした。これは燃料と空気を混合した気体をシリンダー内に噴射して起こした、爆発による気体の膨張エネルギーを利用してピストンを往復運動（レシプロ）させ、クランク軸を通じてプロペラを回転させるものです。「ピストンエンジン」あるいは「レシプロエンジン」といわれるもので、現在は軽飛行機にしか利用されていません。

「ガスタービンエンジン」は、圧縮した空気を高温・高圧の状態で燃焼室に送り、ここで燃料を燃焼させ、高温の燃焼ガスをエネルギーとしてタービンを回転させるものです。タービンを回転させる際に残る燃焼エネルギーの使い方で「ターボジェットエンジン」、「ターボファンエンジン」、「ターボプロップエンジン」、「ターボシャフトエンジン」に分けられます。このうち「ターボファンエンジン」は燃焼効率がよく、低騒音であることから現在の旅客機用のエンジンの大部分に使われています。ちなみに、日本の純国産旅客機ＹＳ11のエンジンは「ターボプロップエンジン」です。「ターボシャフトエンジン」はヘリコプターや船舶、発電に使われます。ジャンボジェットの愛称で知られているＢ７４７のエンジンも「ターボファンエンジン」です。重量４１４３kg、離陸時の推力は２４３００kg（１基あたり）にもなります。

エアブリージングエンジン

大気中の酸素と燃料の燃焼による噴射エネルギーを推進力に換えるエンジンを「エアブリージングエンジン」といいます。一方、酸素を自分で持っていて真空の中でも推進力を得ることができるエンジンを「ロケットエンジン」といいます。飛行機は大気中を飛ぶのですから「エアブリージングエンジン」を使っています。このエンジンを一言でいうと、「空気を吸い込む、圧縮、燃焼、（燃焼ガス）を噴出し、排気ガスの噴射により推進力を得る機関」です。

ジェットエンジンの原理

風船は気体を噴射して推力を得るという点で
ジェットエンジンの原理と同じ

ガスタービンエンジンのしくみ

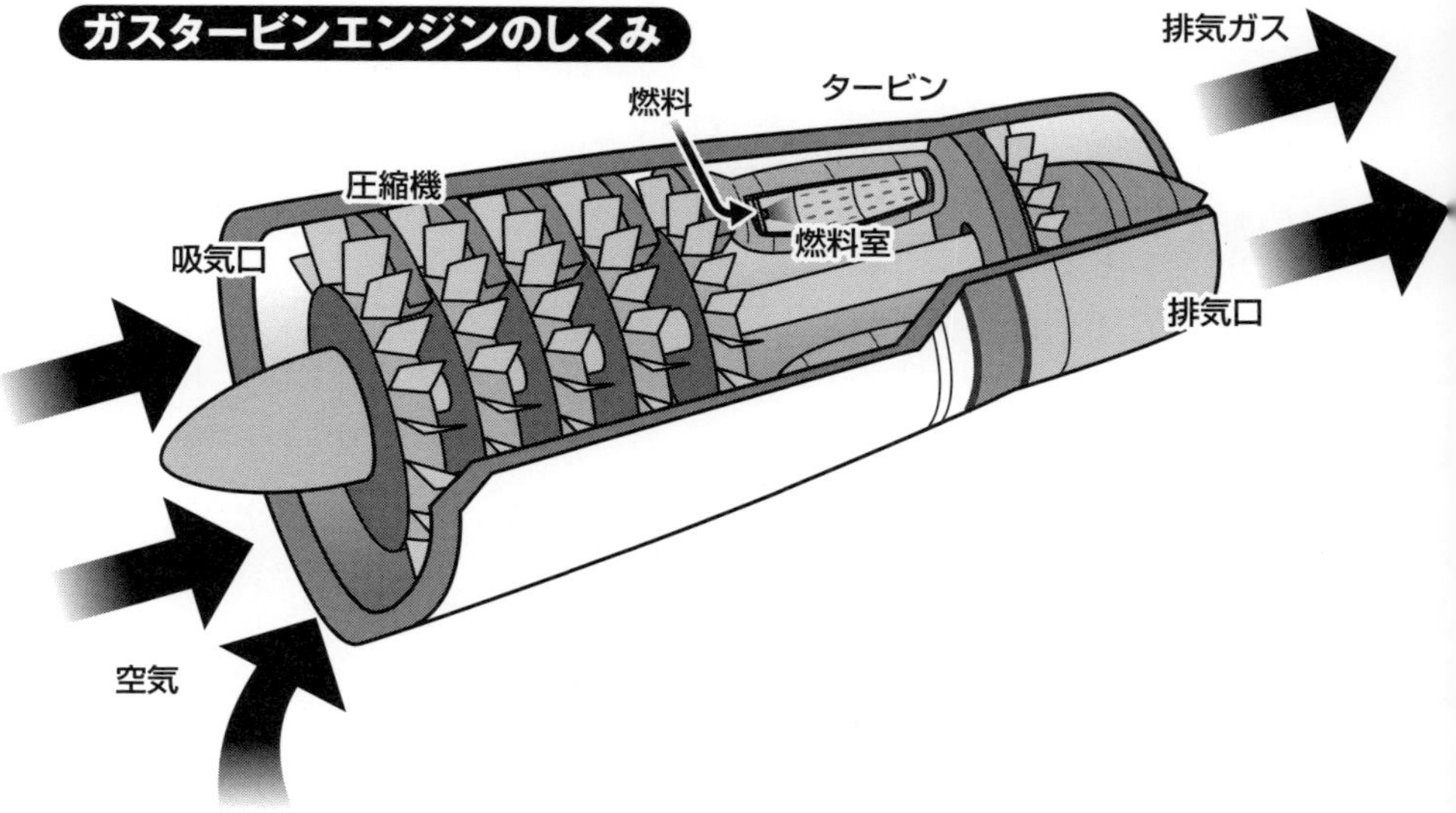

世界の航空機メーカー

世界のジェット旅客機市場は、ボーイング社とエアバス社の2社でおよそ90%のシェアを占めています。

ボーイング社

ボーイング社は、ハイテク・ジャンボジェットB747-400で知られる、世界最大の米国の航空機メーカーです。1997年に世界第3位のマクドネル・ダグラス社を吸収合併した直後は、ジェット旅客機市場の70%のシェアを占めましたが、その後はエアバス社の追い上げにあっています。

次期主力機の開発に当たっては、三菱重工、川崎重工、富士重工、日本飛行機、新明和工業など日本のメーカーが参加しています。

ボーイング製にはB747の他にもB767、B737などがあります。旧マクドネル・ダグラス製で現役の航空機、DC10、DC11やMD90などは、現在はボーイング社に属します。米国、日本市場で圧倒的な強みを持っています。

エアバス社

エアバス社は1970年、欧州4ケ国の航空会社（ブリティシュ・エアロスペース（英）、アエロスパシアル（仏）、ダイムラー・ベンツ・エアロスペース（独）、CASA（スペイン））によって設立されました。現在、米国ボーイング社とジェット旅客機市場を2分するまでに成長しました。アジアなどでは、ボーイングを上回るシェアを獲得しています。イタリア、オランダ、スウェーデンのメーカーを加え、トップの座を目指しています。

エアバス社製航空機は、A320やA380のように「A3**」で表されています。

その他のメーカー

その他、ロッキード・マーチン（米）、フォッカー（蘭）、ツポレフ（露）、イリューシン（露）、ヤコブレフ（露）、エンブラエル（ブラジル）、ボンバルデイア（加）、BAE（英）などがあります。他にもサーブ（スェーデン）、アントノフ（ウクライナ）、ドルニエ（独）、ATR（仏／伊）など、都市や離島路線の、いわゆるコミューター機と呼ばれるプロペラ機のメーカーがあります。

主な航空機メーカー

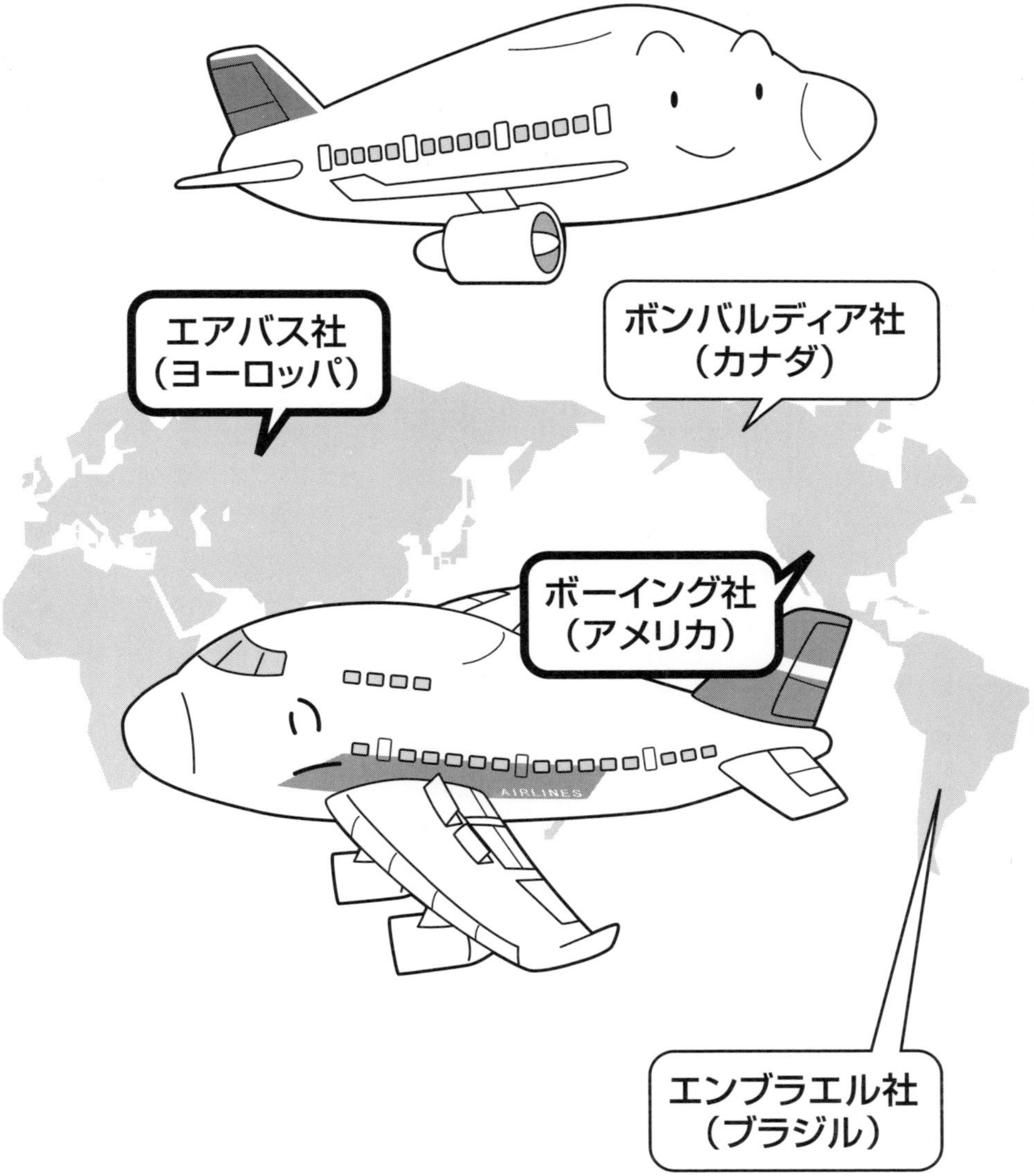
エアバス社
（ヨーロッパ）
ボンバルディア社
（カナダ）
ボーイング社
（アメリカ）
AIRLINES
エンブラエル社
（ブラジル）

ジェット旅客機のエンジンメーカー

ボーイング、エアバスなどのジェット旅客機メーカーは、エンジンを製造していません。ジェット旅客機のエンジンは専門メーカーによって造られているのです。

大型ジェット旅客機用のエンジンメーカーは、ロシアのメーカーを除くと3社だけです。米国のジェネラル・エレクトリック（GE）、同じく米国のプラット・アンド・ホイットニー（P&W）と英国のロールス・ロイスの3社です。ボーイングもエアバスもこれら3社のいずれかのエンジンを搭載しているわけです。

エンジンは航空会社が選ぶ

ジェット旅客機のエンジンは、購入者であるエアラインが指定できるのが一般的です。購入機種ごとにエアラインはGE、P&Wかロールス・ロイスのなかからエンジンを選ぶことになります。したがって、同じB747でも、GE製エンジンを装備したB747や、ロールス・ロイス製エンジンを搭載したB747があるわけです。

しかし、なかにはB737やMD90のように、エンジンが決まっていてエアラインが選ぶことができない機種もあります。

自動車メーカーと航空機メーカーの関係

ロールス・ロイスは高級車の代名詞ですが、先の通り、ジェット旅客機のエンジンメーカーでもあります。また、スウェーデンのサーブは、今もプロペラ機を作っています。

この他にも、かつて名機といわれた飛行機のエンジンや機体を作っていた自動車メーカーは少なくありません。BMWもそのひとつで、BMWの青と白のロゴマークは、プロペラの回転を表しているのです。第2次世界大戦の名機、メッサーシュミットのエンジンはダイムラー・ベンツ製でした。英国のスピットファイヤーはロールス・ロイス製のエンジンを搭載していました。

最近では、ホンダがジェット機製造市場に参入することが報じられました。自動車メーカーは、エンジンや車体などに関する高度な技術を持っているだけでなく、自動車と航空機には共通点が多いということでしょうか。

主なエンジンメーカー

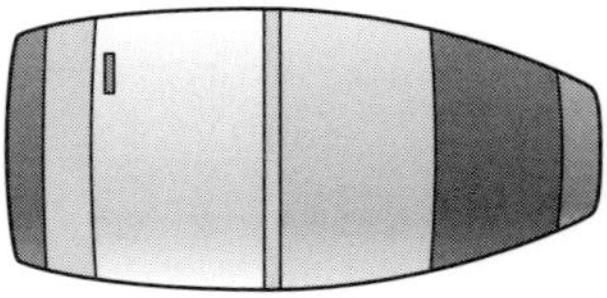

ロールス・ロイス社製

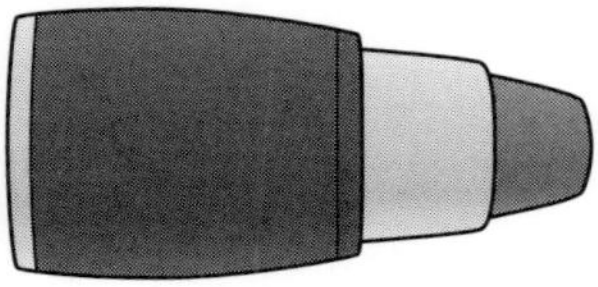

プラット・アンド・ホイットニー（P&W）社製

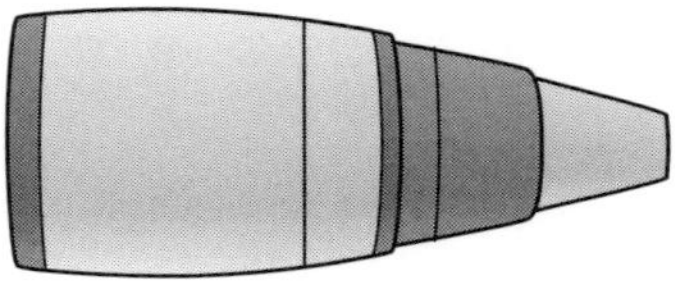

ジェネラル・エレクトリック（GE）社製

主なエンジン個数と配置

双発機

3発機

4発機

ジャンボ機にどうやって貨物を積む？

ジェット機には、人だけでなく貨物を運ぶという重要な役割があります。B747-400（テクノジャンボ）を例に、航空貨物輸送の実際を見てみましょう。

3種類の航空貨物輸送

①旅客機での航空貨物輸送（ベリー）

B747-400の貨物スペースは、客室の床下にある前方貨物室、後方貨物室およびバルク貨物室の3つの部分に分かれています。ここに、旅客の手荷物、郵便物、一般貨物が約25トン搭載されます。旅客機の貨物室を使った輸送をベリーといいます。

②貨物専用機（フレイター）

貨物専用機はカーゴフレイターと呼ばれ、120トンを超える貨物を一度に輸送することが可能です。旅客機で客室にあたるスペースが主貨物室（main cargo compartment）になっています。120トンの貨物は10トンの大型トラック12台分にあたります。

③貨客混用機（セミ・フレイター／コンビ）

ベリーとフレイターの中間的なものとして、貨客混用機（semi-freighter/combi）があります。旅客機の客室部分の後方半分を仕切って貨物室として使う方法です。

航空貨物の搭載方法

航空機に貨物を搭載する方法には、バルク・ローディング（ばら積み方式）、パレット・ローディング、コンテナ・ローディングの3つがあります。

バルク・ローディングとは、ばらの貨物のまま積み込む最も多い方法で、旅客手荷物などはこの方法です。

パレット・ローディングは貨物専用機の就航の頃に採用された方法です。パレットといわれる1枚の板の上に貨物を載せ、ネットなどをかぶせて搭載する方法です。

さらに貨物の取り扱いを容易にしたのがコンテナ・ローディングです。アルミ合金や強化プラスチック製の容器に貨物を入れたまま航空機に積み込みます。パレットやコンテナの利用で、航空貨物の積み下ろしが短時間で行えるようになり、貨物専用機では、着陸して貨物を揚積みして離陸するまでわずか2時間です。

B747-400Fの貨物スペース

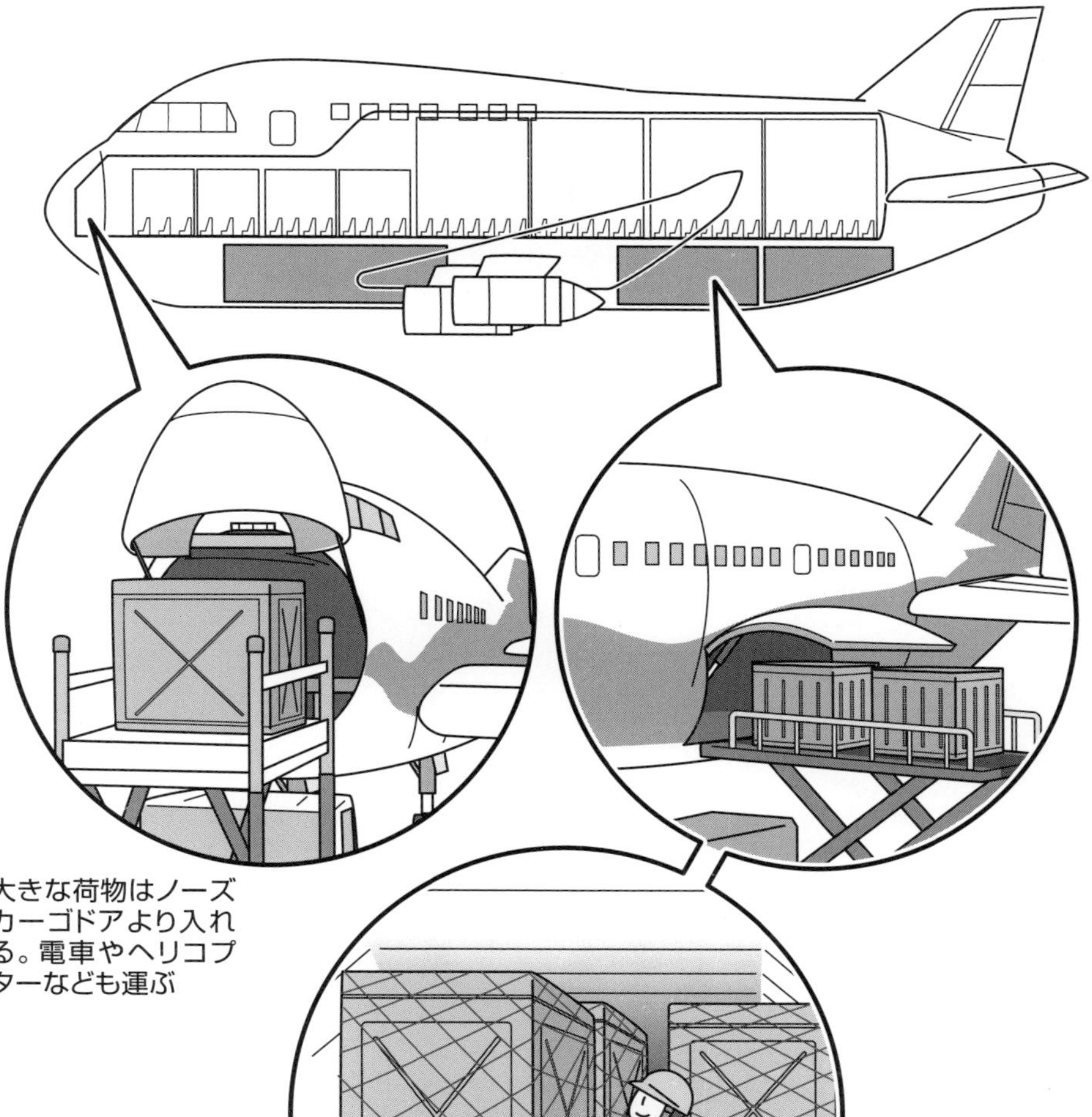

大きな荷物はノーズカーゴドアより入れる。電車やヘリコプターなども運ぶ

ジャンボジェットとは――B747

ジャンボジェットはB747の愛称

ジャンボジェットを大型ジェット旅客機一般の名称と思っている人は意外に多いようです。日本では、国内線でも多くのジャンボジェットが就航していますから、誤解するのも無理はありませんが、正しくは「ジャンボジェット」は、ボーイング社のB747の愛称なのです。

B747は1969年に登場しました。巨大な二階建という、これまでにない外観が特徴のワイドボディ4発機です。2007年末にA380が登場するまでは世界最大で、大量輸送時代を代表する旅客機として親しまれています。全長約70m、全幅約64m、4基のジェットエンジンを搭載し、マッハ0・9の速度で飛行します。

B747のサブタイプ

ジャンボジェットB747にはいくつかのサブタイプがあります。初期型はB747-100で、次に航続性能を向上させたタイプとしてB747-200が登場しました。その後、2階席を延長したタイプのB747-300が標準タイプとなりました。

日本で一番人気なのは、1990年代に運航を始めたB747-400です。操縦システムやエンジンをはじめ各種システムが自動化されたハイテク機で、最大560名の乗客を乗せることができます。その巨大さにもかかわらず航続距離は1万3000kmもあります。

なお、B747-400より旧式のB747を「在来型」と呼び、他と区別しています。在来型には日本国内向けに設計されたB747SRなど多くのバリエーションがあります。

日本の空のジャンボ機以外のジェット旅客機

日本の空にはジャンボジェットの他にもいろいろなジェット旅客機が就航しています。搭乗後、座席についたらシートポケットにあるパンフレットで機種を確認するのも楽しみです。

新規参入のスカイマークエアラインは、羽田・神戸線や羽田・新千歳線においてB767を、羽田・北九州線のスターフライヤーはエアバスのA320を採用しています。

ジャンボ（B747）の特徴

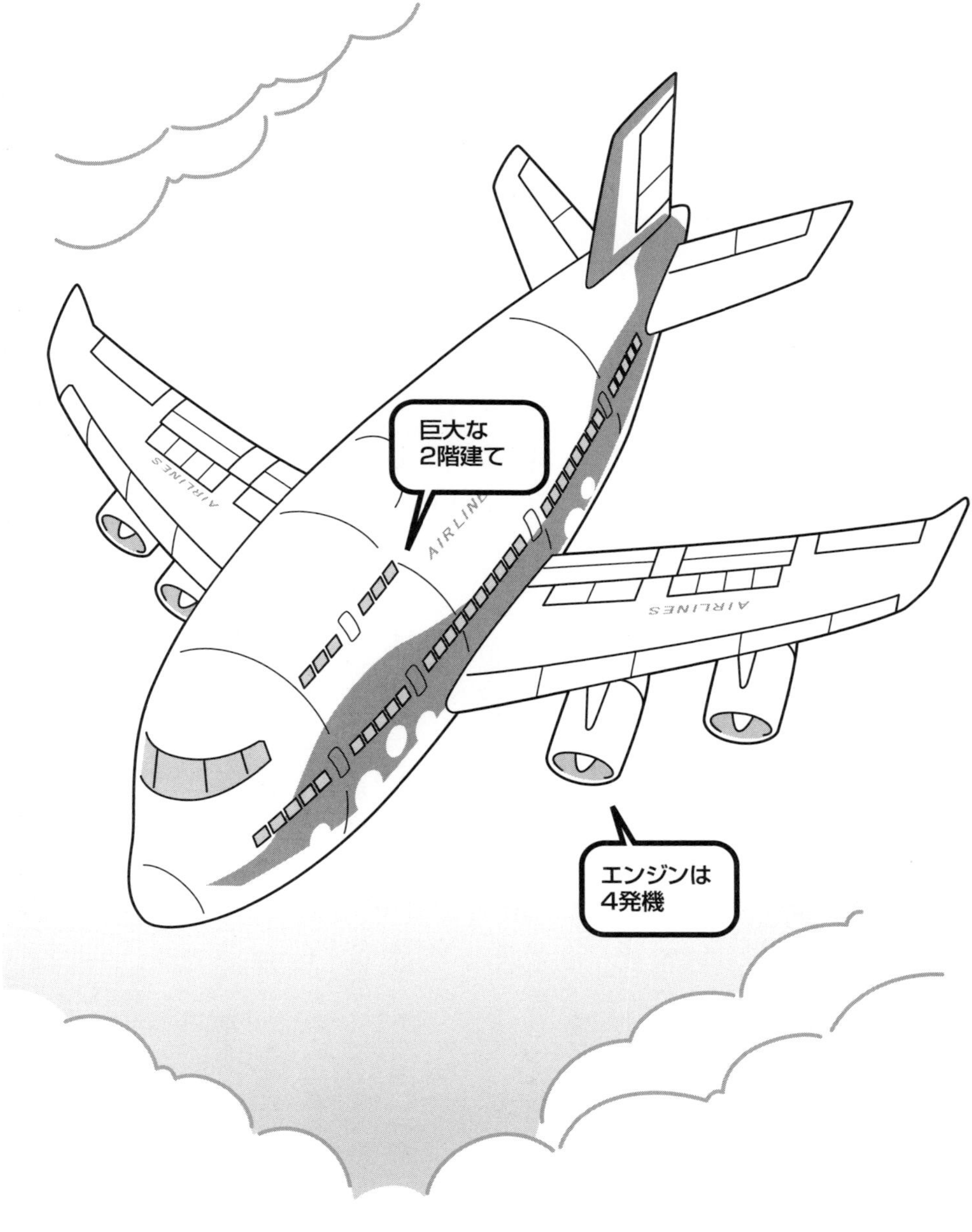

09

飛行機が飛ぶ原理

飛行機が飛ぶための4つの要素

飛行機が飛ぶためには、「揚力」「重力」「推力」「抗力」という4つの要素が必要です。

飛行機は、前進すると翼に風があたります。このときに、翼の上のほうの気圧が小さく、翼の下方の気圧が大きくなり翼が「揚力」を生み出し、飛行機が上昇します。揚力の反対で、飛行機の重さによって下向きに働く力が「重力」です。飛行機を前進させる力を「推力」といい、空気抵抗によって後方に引き戻そうとする力を「抗力」といいます。これら4つの要素をコントロールすることで飛行機を上昇または下降させることができます。

飛行機に推力を与える装置が推進機関、つまり、プロペラやジェットエンジンです。プロペラの回転力を利用して飛行機を前に進めます。プロペラの回転による推進力と回転によって翼に当たる風で翼が揚力を生み出し、これによって飛ぶことができるわけです。

ジェットエンジンは、空気を吸い込んで燃料を燃焼させ、高温・高圧ガスを後方に噴射させます。後方にガスを噴射させる力で飛行機を前に進めることで、翼に揚力を発生させます。プロペラに比べてジェットによる噴射のほうが強力な推進力があります。前進しなければ揚力が発生せず、飛行機は飛ぶことができません。ヘリコプターのように空中で静止できないのはこのためです。

飛行機に揚力を得るためには翼が必要です。飛行機の翼は「翼型」といわれるように揚力を発生しやすい特殊な形をしています。

揚力を見るには？

スプーンを使った実験で物体と流体の作用、つまり揚力を実際に感じることができます。スプーンの柄の部分を軽く持ち、蛇口から水の流れているところにスプーンの膨らんだ部分を近づけてみると、スプーンは水道水に引きつけられるように動きます。

スプーンを翼に、水道水を空気の流れと考えてみてください。翼の上と下の空気の流れの違いによって翼に揚力が発生し、飛行機が上昇する力を得るしくみがおわかりになるでしょう。

飛行機が飛ぶための4つの力

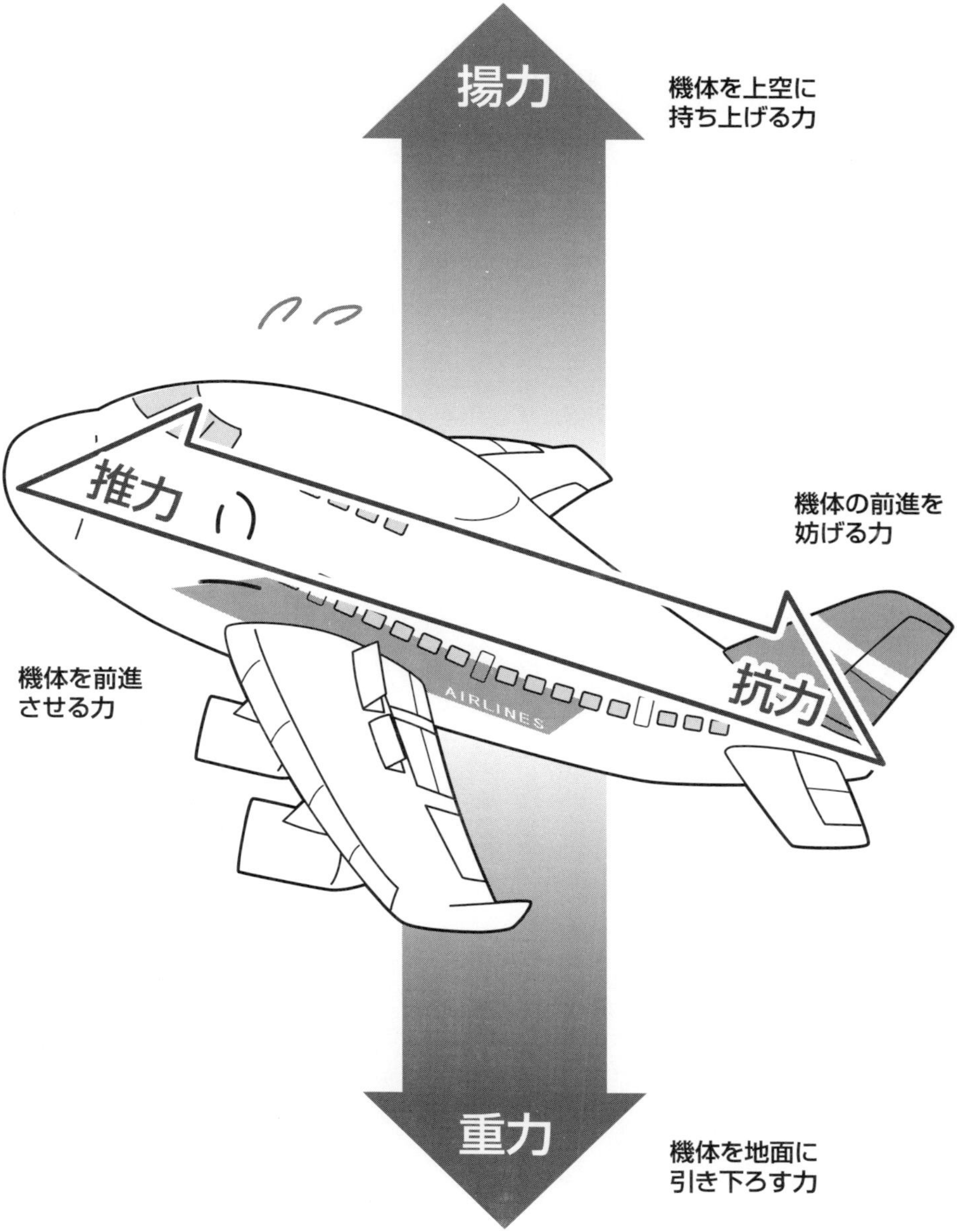

飛行機の基本構造

飛行機の基本的な構造とその名称、およびそれぞれの役割をみてみましょう。飛行機の基本構造を知ることで飛行機が飛ぶ原理が再確認できるでしょう。

飛行機は3つの部分から成り立っている

飛行機は、胴体、翼、尾部の３つの部分で構成されています。

胴体は円筒形で、その中ほどに主翼が横に突き出しています。尾部は胴体の後方の部分のことで、横に突き出した水平尾翼と垂直に出た垂直尾翼があります。

飛行機を形成する部品の数は、ジャンボジェットの場合、およそ６００万個です。乗用車の部品数は約６万個ですから、ジャンボジェットがいかに多くの部品からできているかがわかります。

主翼と尾翼の構造

主翼は飛行機が飛ぶための揚力のほとんどを生み出しています。離着陸や飛行時には、主翼と尾翼の操縦舵面を操作して揚力や抗力を調整することで操縦します。

そのための機構が主翼の前縁と後縁にあります。フラップ（高揚力装置）、エルロン（補助翼）、スポイラー（揚力減少装置）などがそれにあたります。なお、燃料タンクは主翼の中にあります。

尾翼は、垂直尾翼と水平尾翼で構成されています。垂直尾翼には、垂直安定板と方向舵があり、方向の安定性を保つ働きをします。水平尾翼には昇降舵があり、機首の上げ下げを行います。

エンジンの数と位置

エンジンはその数によって、単発機、双発機、３発機、4発機に分けられます。単発プロペラ機は機体最前部に取りつけられるのが普通ですが、双発以上の飛行機のほとんどのエンジンは、主翼か胴体の後方で、左右対称に設置されます。

なお、旅客機のエンジンは双発以上であるのが一般的です。これは、たとえ1機のエンジンが故障で止まっても飛べるように、と意図されているからです。大型機は複数のエンジンを持つことでエンジン故障によるリスクを低減するように設計されているわけです。

飛行機の主なしくみ

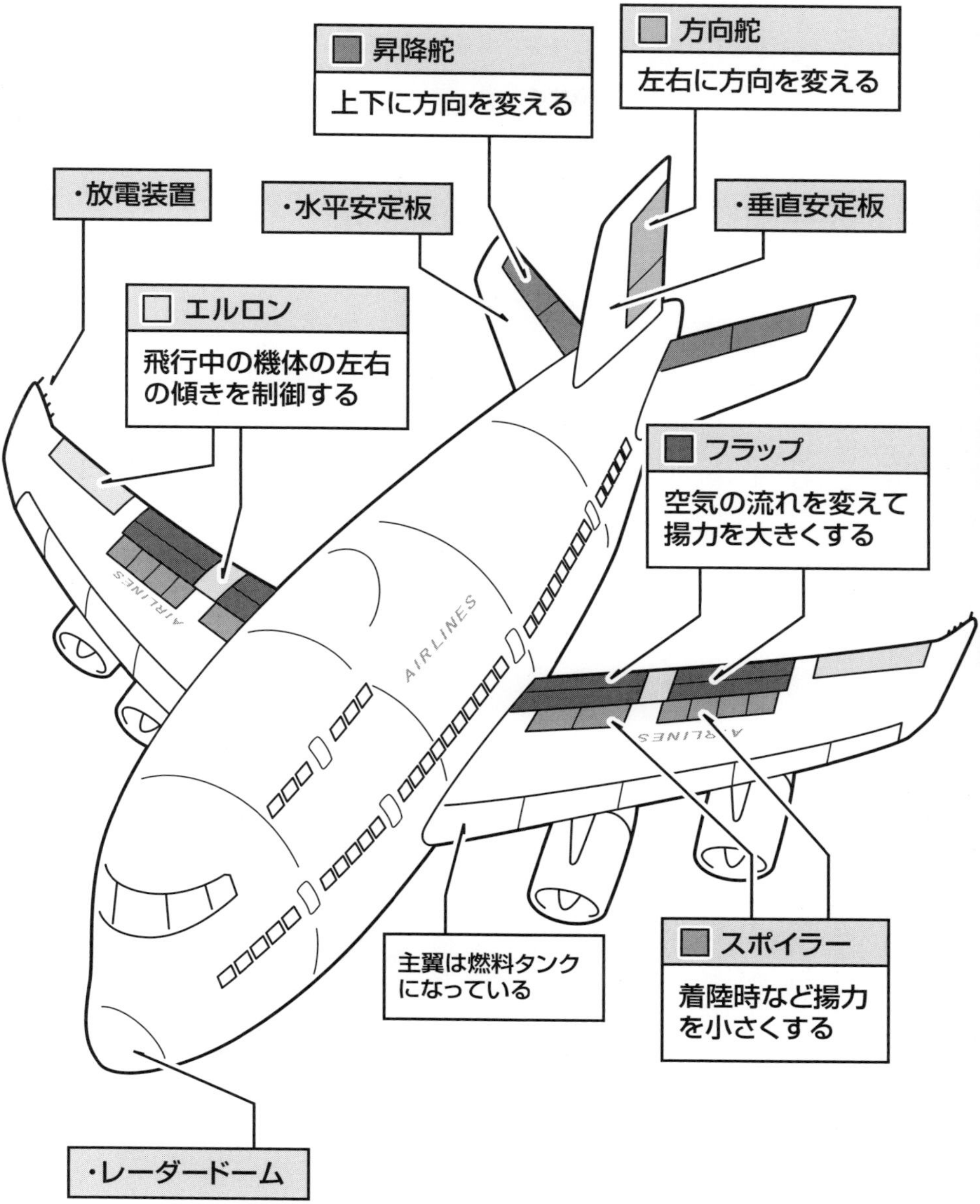
昇降舵
上下に方向を変える
方向舵
左右に方向を変える
・放電装置
・水平安定板
・垂直安定板
エルロン
飛行中の機体の左右の傾きを制御する
フラップ
空気の流れを変えて揚力を大きくする
AIRLINES
主翼は燃料タンクになっている
スポイラー
着陸時など揚力を小さくする
・レーダードーム

11 未来の飛行機

未来の飛行機はどうなるのでしょう? 夢物語ではない、21世紀中に実現すると思われる近未来の飛行機について考えてみましょう。

旅客機は高速化、貨物機は大型化

旅客機についていえば、エアバスが開発中の新機種Ａ３８０はモノクラスであれば８００以上の座席数を確保できる大型機です。一方、ボーイングの新機種Ｂ７８７は経済性を重視した中型機です。受注機数は、Ｂ７８７がオプションを含めるとおよそ１０００機であるのに対して、Ａ３８０は２００機と伸び悩んでおり、セールス面ではボーイングがやや有利のようです。

こうしたことから、大型化よりむしろ経済性が旅客機の優先事項と考えられます。

貨物輸送の面では、かさばる貨物や重量物の輸送ニーズの高まりから、大型化が喫緊の課題だといえます。

現在考えられているのは、貨物を主翼両端から翼内に積み込む形式の超大型のスパンローダー輸送機と、陸上トラックの荷台のように輸送機の胴体部分を低床式にして貨物搭載する形式の超大型のフラットベッド輸送機です。これなら大型コンテナやかさばる貨物の積み降ろしが容易で、搭載貨物重量もスパンローダー機が３００トン、フラットベッド機が４５０トンと、現在のジャンボフレイターの１２０トンから格段に大型化されます。

新超音速旅客機・極超音速旅客機

コンコルド超音速旅客機が廃止されましたが、各国とも第2世代の新超音速旅客機の開発に取り組んでいます。

ボーイング社などが目指しているのは、東京・ニューヨークを4時間で結ぶ新型機です。これは推進機関、機体などが現在の技術の延長線上にあり、コンコルドで問題であった騒音の問題も日本のメーカーがすでにクリアしたといわれています。実現はそれほど遠い先ではないと思われます。ＮＡＳＡによるオリエント・エクスプレスと呼ばれる極超音速旅客機構想とは、マッハ5以上のスピード、東京・ニューヨークなら約2時間で結ぶ新機種を開発するものです。

ニューヨークへの日帰り旅行も夢ではない……？

COLUMN

飛行機はエンジンが止まったらすぐ墜ちる？

飛行機は、風の作用で翼に発生する揚力（機体を持ち上げる力)によって飛ぶことができます。この揚力が失われると失速し、墜落という事態になります。

しかし、失速、即、墜落ということにはなりません。失速を起こした場合、機首を下げ、機体を前傾姿勢にして迎え角を小さくして、気流に対して主翼の角度を適正に戻します。地上に向かって飛ぶことで、下からの風を受け、揚力が回復し、失速から抜け出ることができます。その上でエンジン出力を増して機体を加速させればいいということになります。

ただし、これは高度の高いところを飛行中に限ってできることです。低空を飛行中に機体を下げればそのまま地上に激突してしまいます。離着陸時の事故(失速→墜落)が多いのはこのためです。最近の旅客機は、機体の失速を自動的に感知し、感知したら警報が鳴るしくみになっています。

飛行機のエンジンが止まったらどうなるでしょう。大型旅客機は複数のエンジンがついています。ジャンボジェット機には4基のエンジンを搭載しており、仮に1基が停止しても飛行は可能です。
それでは全部のエンジンが停止したとしたらどうでしょう？　旅客機の場合、すべてのエンジンが停止してもすぐに落ちることはありません。エンジンが停止してからも滑空が可能だからです。重量が増大するほど運動エネルギーが大きくなるため、重量のある飛行機ほどエンジンを使わなくても遠くまで滑空できます。

ジャンボジェットなら1万ｍの上空を飛行中にエンジンが停止しても100km近くも飛ぶことができます。旅客機は、機内の照明などすべてのエネルギーをエンジンに頼っています。したがって、エンジンが停止した場合、室内は暗くなりほとんど何も機能しなくなります。

直ちに降下し最低速度を保つことで飛行能力を維持することは可能です。パイロットは、すべてのエンジンが停止した場合を想定した訓練も受けています。実際、エンジンが停止してから100km近くを滑空して飛行場を見つけ無事着陸した例も報告されています。

3章

飛行機で快適に過ごすための工夫とサービス

高度1万mの機内を快適にする工夫

現代のジェット旅客機は、高度1万mの上空を飛行します。1万m上空の外気の気温はマイナス60度以下、気圧も低く、空気中の酸素は地上の80%程度です。人間が普通に生活できる環境ではありません。

こうした環境の中を飛行する機内で快適に過ごすために、機内の圧力は機外よりも高く設定されています。これを与圧といいます。

与圧――エンジンから機内に外気を送り込む

ジェットエンジン前面から空気を取り入れ、エンジン内のコンプレッサーで圧縮して機内に送り込むことで、機内の気圧を外よりも高く保ちます。この空気がブリードエア（抽気）です。この圧縮された空気は高温なので、冷たい外気と混ぜて温度を調整しながら送り込むことで機内の温度を調整します。与圧装置が開発されたことによって、それまで低空しか飛行できなかった飛行機が高度1万mまで上昇できるようになりました。

2000mの高度の気圧を保つしくみ

機内を常に外気圧より高い状態に保つためには、機内が密閉されている必要があります。搭乗口のシールを工夫し、胴体や窓などは与圧を考慮して、圧力に耐えられる材料と強度を持った素材で頑丈に作られています。旅客機の与圧システムは、客室の気圧が8000フィート（2438m）を超えないように設計され、通常、1500～2000mの高度の気圧を保っています。温度も22～23度の快適な状態に保たれています。

もし、与圧システムが故障して客室内の高度が1万フィート（3048m）を超えた状態になると、緊急用酸素システムが作動して酸素マスクが自動的に下りてくるしくみになっています。

このように、ジェットエンジンは動力としてだけでなく機内を快適にするための与圧と空調という重要な役割も果たしています。エンジンの作動していない地上では、機体最後部の補助動力装置（APU）という機械でエアコンを動かし、温度調整します。2007年に引退した国産機YS11にはAPUがなかったため、地上では電源車から電気をもらいエアコンを作動させていました。

「与圧」と「空調」のしくみ

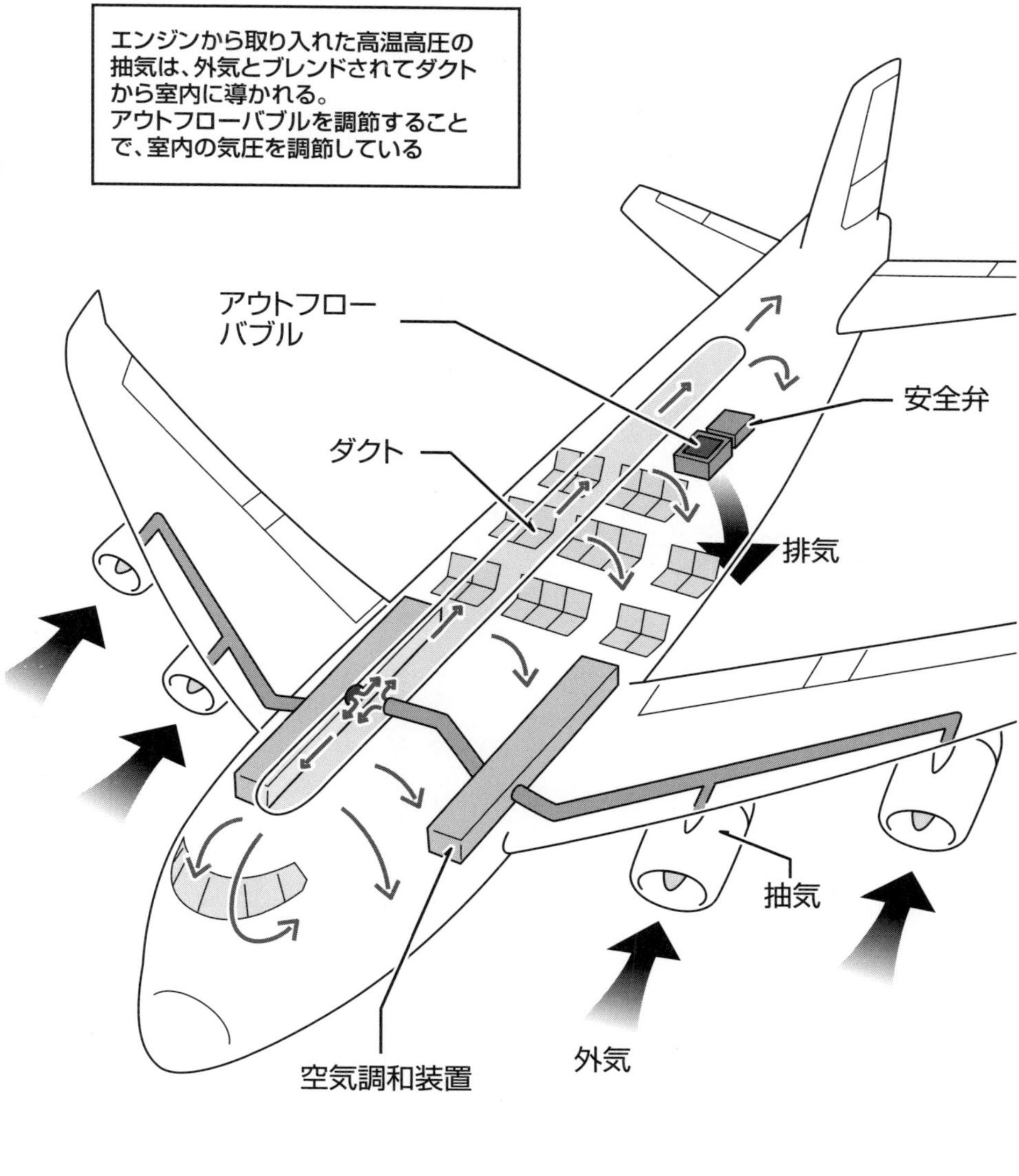
エンジンから取り入れた高温高圧の抽気は、外気とブレンドされてダクトから室内に導かれる。
アウトフローバブルを調節することで、室内の気圧を調節している
アウトフローバブル
安全弁
ダクト
排気
抽気
外気
空気調和装置

02 座席のしくみ

「強度」と「快適性」を両立

飛行機の座席は、激しい乱気流に遭遇しても、あるいは不時着するような事態でもその衝撃に耐え、乗客を保護する強度が必要です。それと同時に、長時間の飛行でも疲れさせない設計もなされています。

溶接部のボルトや安全ベルトの固定部など、その安全性についてはそれぞれの国で基準が設けられている上に、各社とも人間工学に基づいたデザインや設計で快適性を保つ工夫をしています。

カバーに使用する素材、シートピッチやリクライニング角度、肘掛、フットレストや背もたれなどは、企業によって仕様が異なります。いずれの場合も、シート構造はアルミニウム合金で軽く、強度も定められた基準に耐えられるように、またシート布は耐火性のものが使われています。シートの背もたれ部分は、後ろに倒れるばかりでなく、飛行機が急停止した時に後ろの座席の人が前の座席にぶつかって怪我をしないように、前傾するようにもなっています。

さらに、座席の肘掛部分には、長時間の飛行を快適に過ごすための設備がたくさんあります。リクライニング操作ボタン、客室乗務員のコールボタン、読書灯、オーディオ操作やイヤホーン差込口などが装備されています。また、食事のためのテーブルも収納されています。

座席の前後間隔は航空会社によって違う

国際線には、ファーストクラス、ビジネスクラス、エコノミークラスがあり、座席の大きさや前後間隔が異なります。前後間隔をシートピッチといいますが、実は、これは座席列の配置によって違うのです。このため、エコノミークラスでも航空会社によってシートピッチは異なります。ファーストクラスでは１５２～２０３㎝、ビジネスクラスは１０２～１５２㎝、エコノミークラスだと79～86㎝とする航空会社が多いようです。

座席は、安全面では想定されるあらゆる異常事態に対応できるように設計され、かつ快適に過ごすための工夫が凝らされています。座席には、航空会社のサービスが凝縮されているのです。

座席の前後間隔は"クラス"、航空会社によってさまざま

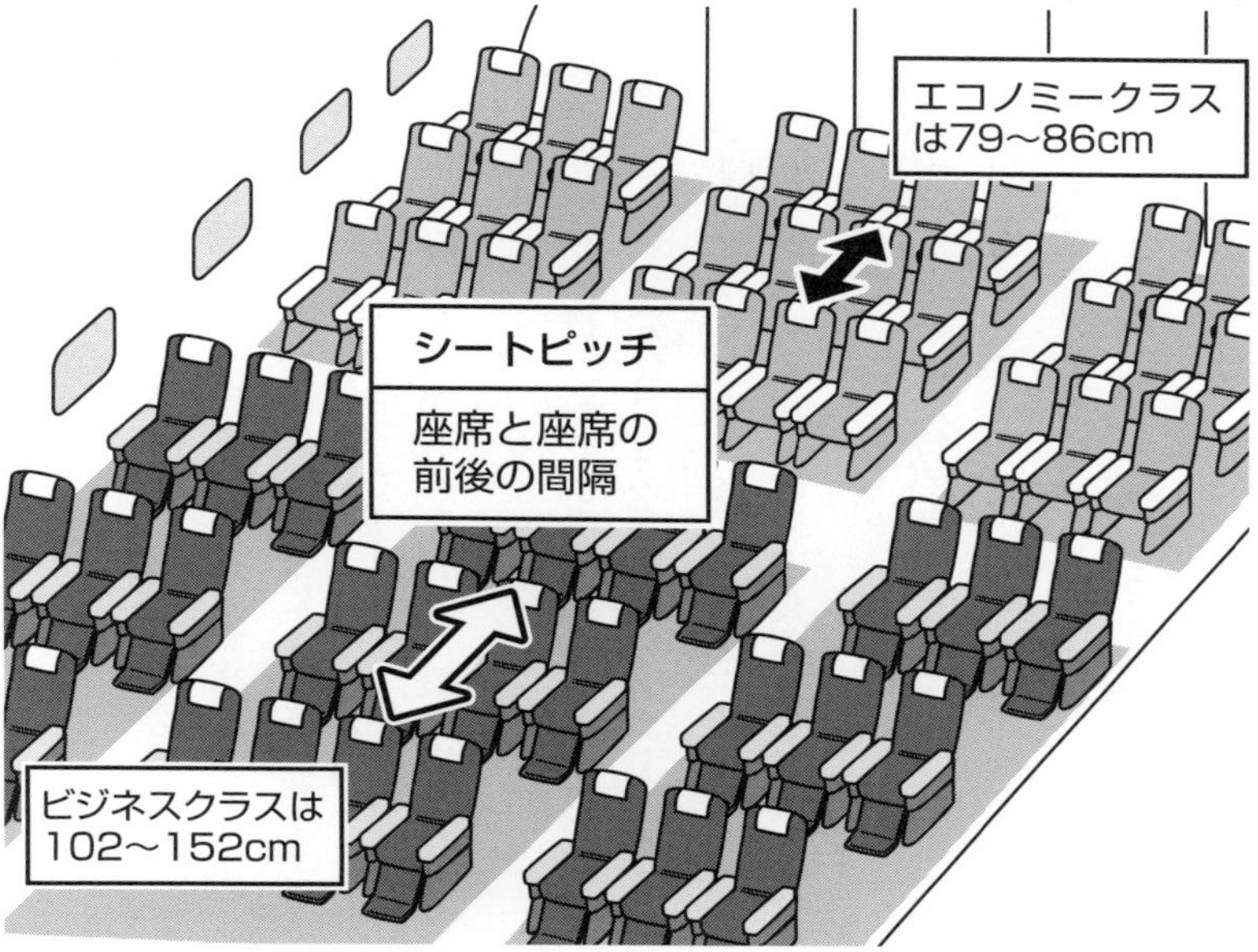

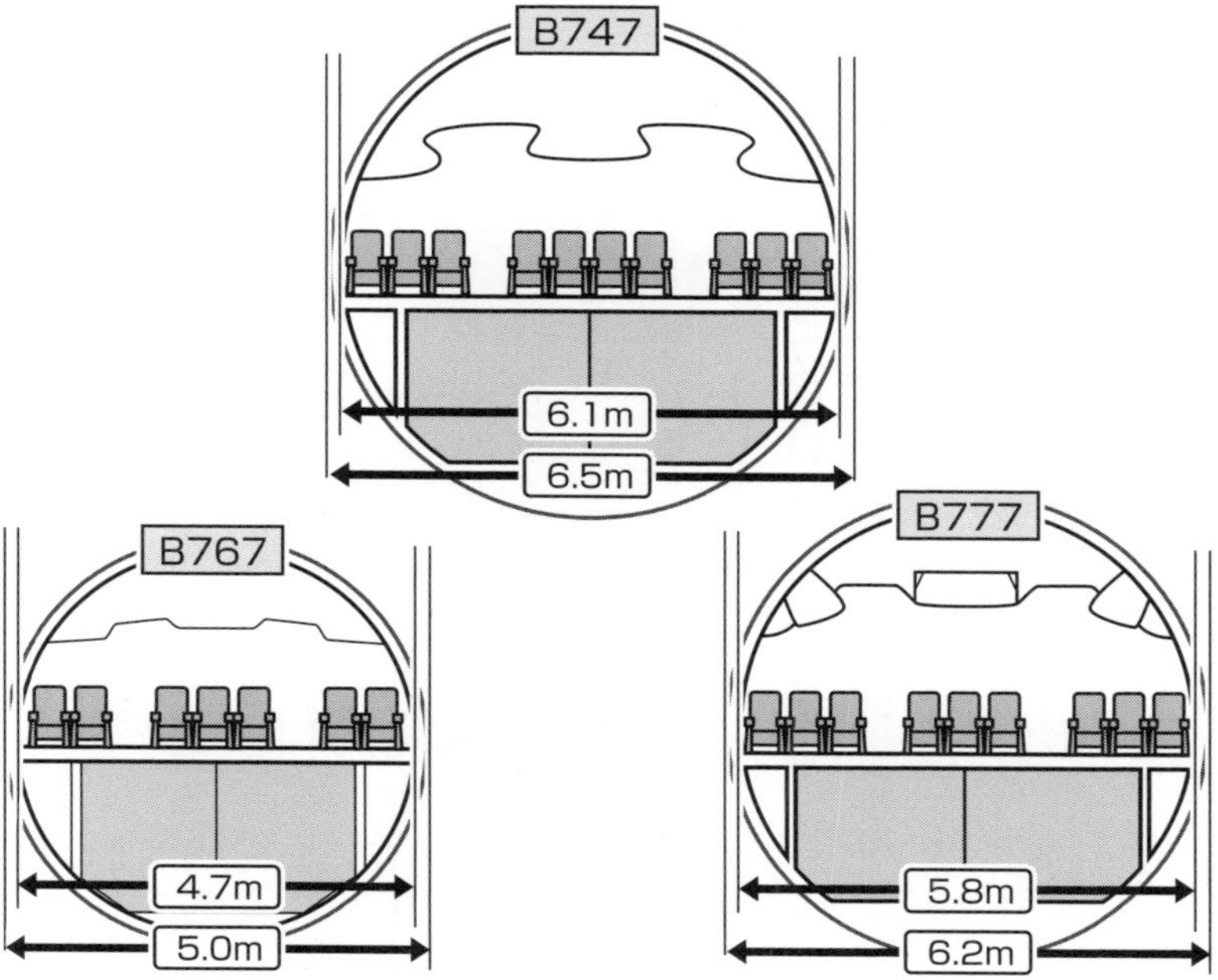

機内食のひみつ1

飛行機に乗る楽しみはなんといっても食事です。国際線では、機内でのいろいろなサービスが用意されています。その中でも主役は、やはり飲み物と食事です。国内線では飲み物だけ、あるいは航空会社によっては運賃を抑えるために飲み物のサービスすらしないところもあります。また、アルコール類が有料なのは一般的になりました。

国際線では義務づけられている機内食サービス

国際線は、どの航空会社でも必ず食事が出ます。便によっては3回も4回も食事が出されることがあります。これは、2国間を運航する便では機内食のサービスが義務づけられているからです。

ある国を経由して別の国に行く便だと、国が変わるたびに食事が提供されるため、一度のフライトで何度も食事が出ることになるわけです。通常、出発してまもなく、ホットミールと呼ばれる、きちんとした温かい食事が出ます。到着前には、コールドミールという軽食が出されます。

食事の内容は航空会社によって違います。以前は、エコノミークラスの機内食は1種類で選択の余地はありませんでしたが、最近では各社とも魚と肉、あるいは肉でもチキンとビーフというように2種類くらいから選べるケースが多くなっています。また、和風のメニューも増えています。

ファーストクラスやビジネスクラスでは、フルコースに近い料理が用意されていて、和風の懐石料理を提供する航空会社もあります。それぞれ、お国柄を考えた食事で特徴を出す努力をしているのです。

機内食のサービスはいつから始まった?

1920年代に、すでに飛行中の機内で食事のサービスが登場していました。本格的になったのは、1930年、現在のユナイテッド航空が客室乗務員を採用してからのことです。

当時、客室乗務員は看護士資格がなければなれませんでした。したがって、機内で、白衣の看護士姿でコーヒーやサンドイッチをサービスしていたのです。

「魚」と「肉」など、選ぶ楽しみがある機内食

機内食のひみつ2

「特別食」とは?

「特別食」といって、予約時にリクエストしておけば用意してもらえるメニューがあります。

食事制限をしている人のための低カロリー食や減塩食、菜食主義者（ベジタリアン）のためのベジタリアンミール、ヒンズー教徒のための牛肉を一切使わない料理のほか、モスレムミールという、イスラム教徒のための豚肉を使わない料理もあります。さらに、コーシャミールというユダヤ教徒のための料理や、チャイルドミールという機内版お子様ランチもあります。

このほかにも、航空会社によって違いはありますが、予約時に申し込んでおけば対応してもらえる料理もあります。

機内食はどうやって温めるのか

機内食は、専門のケータリング会社があらかじめ調理したものを出発前に搭載します。

ホットミールは機内のオーブンで温めて出すので、半分調理した段階のものが搭載されます。エコノミークラスのホットミールには、メインの魚や肉など温かい料理が1皿あります。これをアントレといいます。エコノミークラスの機内食は、ひとつのトレーにいろいろなものが乗せられているため、パンやサラダに果物など冷たいものもあれば、温かいアントレも1品入っています。

以前は、トレーからアントレだけ取り出して、数個ずつオーブンで温めていました。このため、機内食のサービスにはずいぶんと時間がかかったものですが、今ではずいぶんスマートです。トレーを収納しているカートごと温めてしまうのです。

アントレの下に鉄板のようなものが敷かれているのを知っていますか？　これは加熱板と呼ばれるもので、ある一定の温度で温めるとアントレだけが高温になり、メインディッシュだけが温められ、同じトレーのほかの料理には影響を与えないというすぐれものです。最近開発された加熱板によって、客室乗務員の仕事は効率的になりました。乗客も、匂いだけでなかなか出てこない料理にイライラすることもなくなりました。

機内食を温めるしくみ

オーブンの中

機内食のひみつ3

機内食のお代わりはできるの？

機内食は、お代わりすることはできません。重量の関係で、旅客数以上のものは積んでいないからです。食事より、トレーやカートの重量が問題なのです。

カートは1台100kgにもなります。航空会社では、トレーの重量を減らすために、その素材開発まで手がけています。飛行機にとって、重量はそれほど意味のあることなのです。

ただし、飲み物はお代わり自由です。また、夜食や軽食を自由に食べられるように置いてある航空会社の便もあります。カップヌードルやおにぎり、パンやビスケットなどが用意されています。

ところで、機内の気圧は低く、巡航飛行中は1500〜2000mの高度の気圧と同じくらいです。これは富士山の5合目くらいに相当します。そのため、お酒の酔いが早くなります。機内でのお酒はほどほどに。

機内のオリジナル飲み物

日本航空や全日空などのように、オリジナルの飲み物を開発して機内で提供する企業も少なくありません。

日本航空のビーフスープは商品化され市販されるほどの人気です。ほかにも、夏には柑橘系のジュースなど、季節限定の飲み物もあります。こうした飲み物も機内での楽しみのひとつです。

また、飛行時間の長い国際線では、エコノミークラス症候群対策として、ミネラルウォーターのボトルを全乗客に配る航空会社もあります。

機長と副操縦士のメニューは違う

乗務員もケイタリングサービスで搭載された食事を食べますが、運航乗務員である、機長と副操縦士のメニューは必ず異なります。それは、食中毒などのケースを想定してのことです。

もし、同じもの食べ、その食事で食中毒を起こした場合、機長と副操縦士が2人同時に倒れるという最悪の事態になりかねません。そのために、必ず違うメニューを選ぶわけです。あらゆる事態を想定して対応することで、安全運航を確保することに努めているのです。

乗務員は何を食べる？

副操縦士
機長
必ず違うメニューを食べる
オリジナル食品や軽食メニューもある
JAL
ビーフコンソメ
カップヌー
おにぎり

機内のエンターテインメント

出発地から到着地までの移動の間、飛行機という限られた空間で乗客に快適に過ごしてもらうために、航空会社はいろいろなサービスを用意しています。

すでに紹介した座席や食事への工夫はもちろんですが、それ以外にもいろいろなサービスがあるのです。

新聞・雑誌・機内誌

機内には、新聞や週刊誌などの雑誌が用意されています。国際線の場合は、外国の新聞や雑誌もあります。ただし、日本の航空会社の帰国便では、当日の新聞などが置かれていない場合もあります。

多くの航空会社は、広報誌としての位置づけで独自に機内誌を作っています。

日本航空は、ＪＡＳとの合併を機に、２００３年４月からグループ機内誌の名称を「ＳＫＹＷＡＲＤ」に変更しました。全日空の機内誌は「翼の王国」です。搭乗の際、自由に持ち帰ることができます。

機内誌は飛行機に乗らなくても、定期購読することができます。「ＳＫＹＷＡＲＤ」の発行部数は84万部といいますから、普通の週刊誌より多くの部数が発行されています。それだけに、単なる宣伝媒体ではなく、読み応えのある内容となっています。

オーディオ・映画・ビデオ

イヤホーンで、各種ジャンルの音楽をはじめ、落語などいろいろなものが楽しめます。

スクリーンでは、テレビ放送や入出国手続き、機内販売のお知らせなどが上映されますが、なんと言ってもお楽しみは国際線で観る映画です。日本で封切前のものもありますので、機内での最大の楽しみ、と言っても過言ではないでしょう。

最近は、国際線のエコノミークラスでも座席ごとに個別のモニターが設置されオンデマンドビデオが搭載されている便が増えました。

好きなビデオを選んでいくつも観ることができるという、乗客には嬉しいサービスです。

そのほか、任天堂のゲームができる便や、有料ですがインターネットの接続サービスも登場しています。

快適に過ごすためのさまざまなサービス

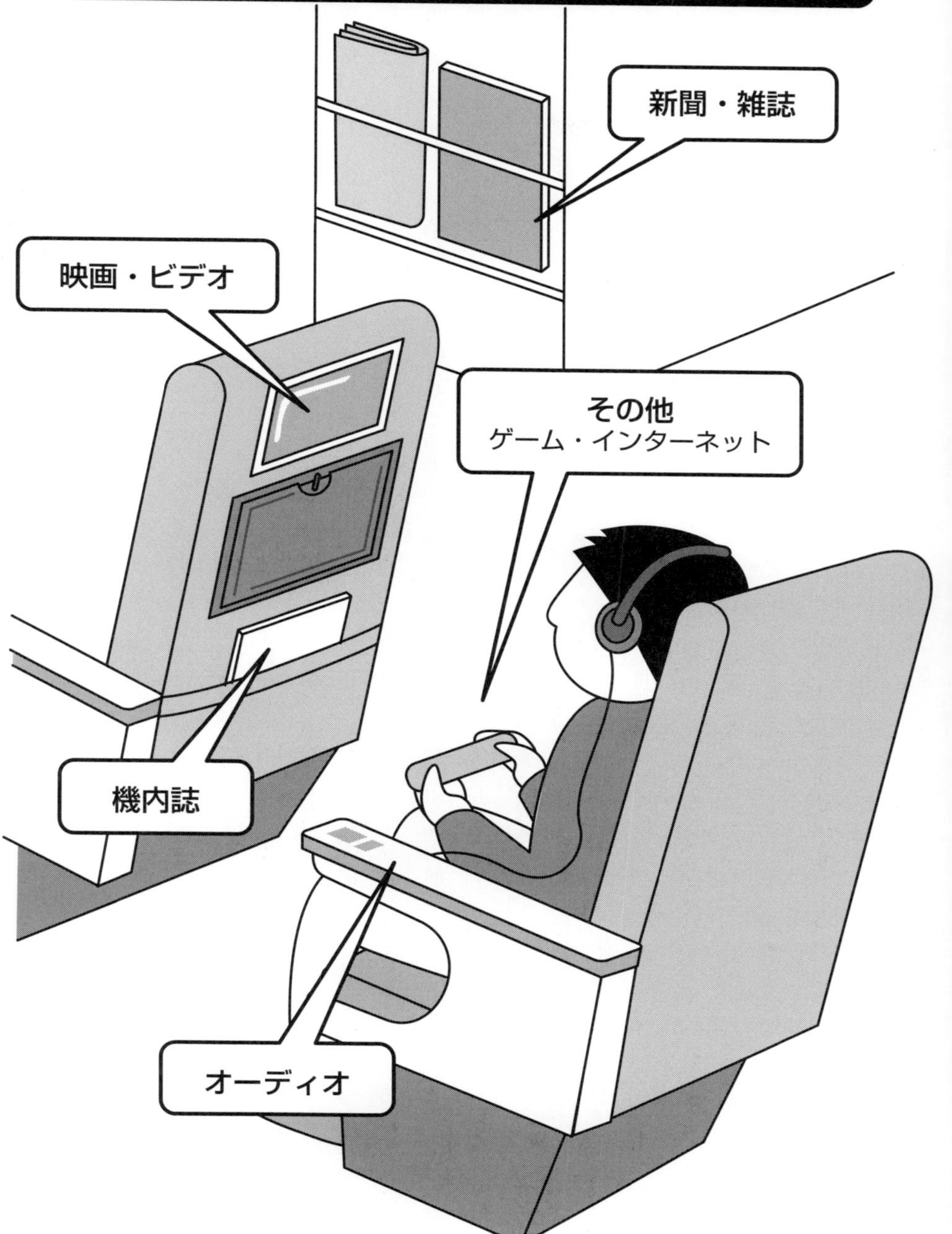

機内販売

機内販売は大きな収益源

機内販売というと国際線の免税品を思い浮かべるかもしれませんが、国内線の機内販売も充実しています。機内販売は、販売のための売り場がなくて済み、収益性の高い効率的なビジネスです。会社によっては年間の機内販売の売上が100億円を超えることもあるそうです。

そのため、航空会社のオリジナル商品、キャラクター商品など、各社とも商品開発に力を入れています。機内販売専用カタログも立派なものが用意されています。

機内販売は、航空会社にとって効率的なビジネスであると同時に、乗客にとっても便利なサービスです。

国際線の機内でしか買えない商品も

国際線の機内販売では、単に免税品が買えるというだけでなく、国内で販売していないブランド品や、有名ブランドと提携した航空会社オリジナルのブランド品もあります。機内でしか購入できない商品もたくさんあるので、機内販売のカタログを開くのも国際線の楽しみのひとつです。

機内販売では、予約購入ができます。在庫が限られていて、人気商品は売り切れることもあるため、購入する商品が決まっていれば、搭乗後すぐに客室乗務員に購入予約をしておくことです。

日本の航空会社なら、日本出発便に商品を積み込みます。したがって、帰国便では、欲しいと思った商品が売り切れていたということもあります。日本の航空会社なら日本出発便、外国の航空会社ならその国を出る便で購入するのが確実です。

出発便で購入すると荷物が増えて困るという人は、出発便で注文して帰国便で受け取ることも可能です。ただし、往復とも同じ航空会社を使用することが前提です。

国際線の機内販売で使える通貨

機内では、出発国と到着国の通貨が使えます。米ドルの場合、米国路線に限らず一般的にどの路線でも使える航空会社が多いようです。帰国時に使い残した、日本で換金できない小銭を日本円やドルと一緒に機内販売で使ってしまうのも一法です。

免税品だけでなく、機内でしか購入できないオリジナル商品もある

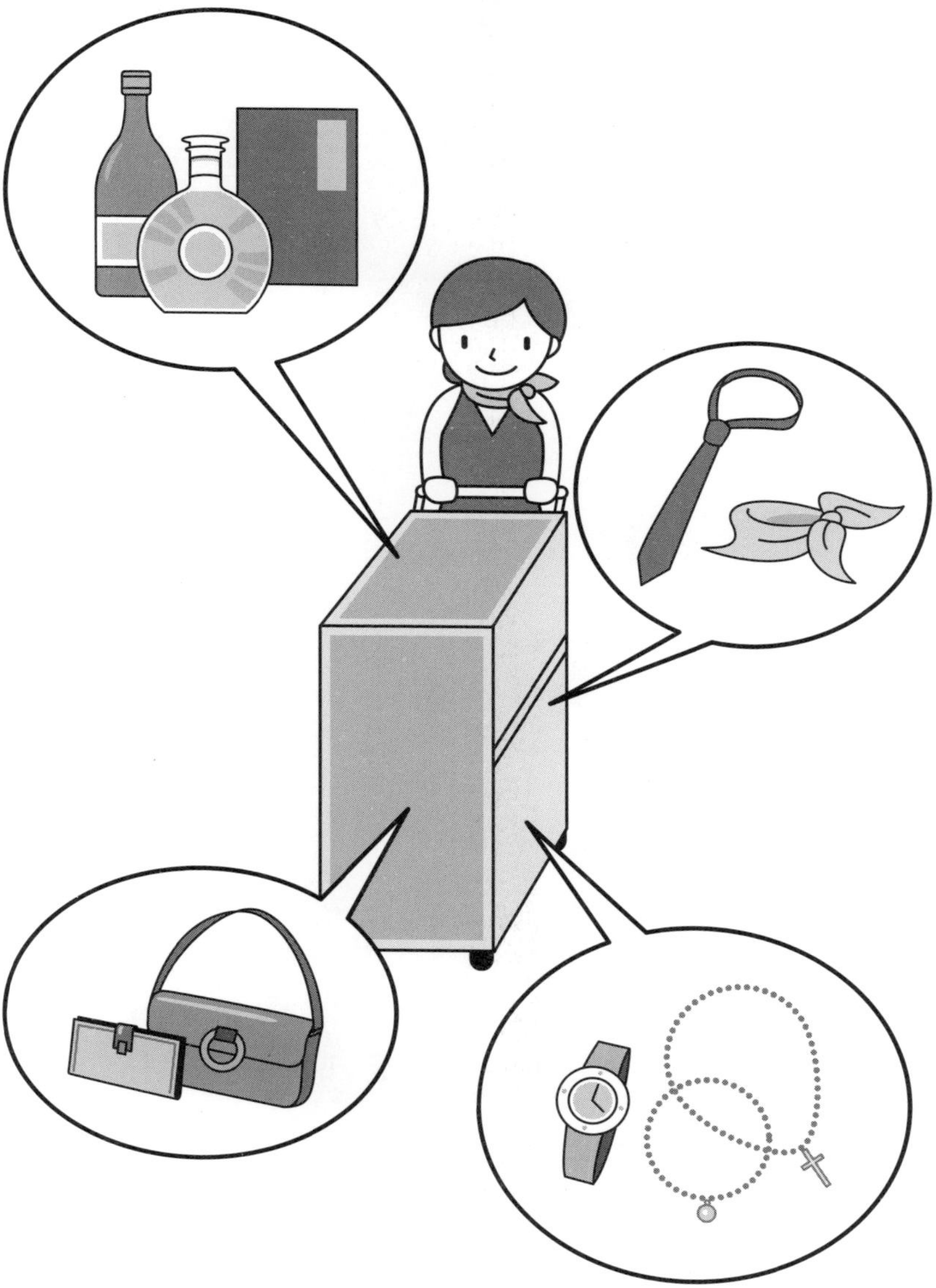

08

ギャレーのしくみ

乗客に食事や飲み物を提供するための機内設備をギャレーといいます。飛行機の台所ともいえます。飲み物や食事などのサービスはすべてここから始まります。

ギャレーはいくつある?

国際線の場合は、乗客・乗員数に対して各種飲み物と1・5～2食分程度の食事が必要です。国内線では飲み物と簡単なスナック程度です。このため、国際線と国内線ではギャレーの数が違います。

例えば、乗客定員292人のB777−300の国際線用機材の場合、ギャレーは6ケ所あります。ほかにセルフサービスカウンターが2ケ所あります。

同じ機材でも、国内線用の場合、乗客定員が472人であってもギャレーは4ケ所しかありません。

ギャレーの設備

ギャレーには、メインディッシュをサービス前に再加熱するためのオーブンや電子レンジ、おしぼり用のオーブン、コーヒーメーカー、湯沸かし器、冷蔵庫、飲み物保温用コンテナなどの電気を必要とするもののほかに、飲み物や食器類を収納したコンテナが取りつけられています。このコンテナは便ごとに差し替え可能で、コンテナごと取り替えます。また、ギャレーの下には、機内で食事を出すためのサービスカートがそのまま収納されています。サービスカートの中には、エコノミークラスの乗客の人数分の食事がトレーに盛りつけられた状態で入っていて、ドライアイスで冷やされています。

加熱板（74ページ参照）のおかげで、サービス直前にメインディッシュだけ温めて出すことが可能です。

機内サービスはギャレーに始まりギャレーに終わる

食事が終わるとトレーは回収されて、サービスカートのままギャレー下に収納されます。使用済みの紙コップやゴミ、空き箱などはギャレーに備えつけのダストシュートに入れられます。

着陸から離陸までの短時間でたくさんの飲み物、食事を効率よく積み下ろし、飛行中に機内で効率よくサービスできるように、コンテナやカートのまま積み下ろしするように考えられています。

ギャレーは飛行機の台所

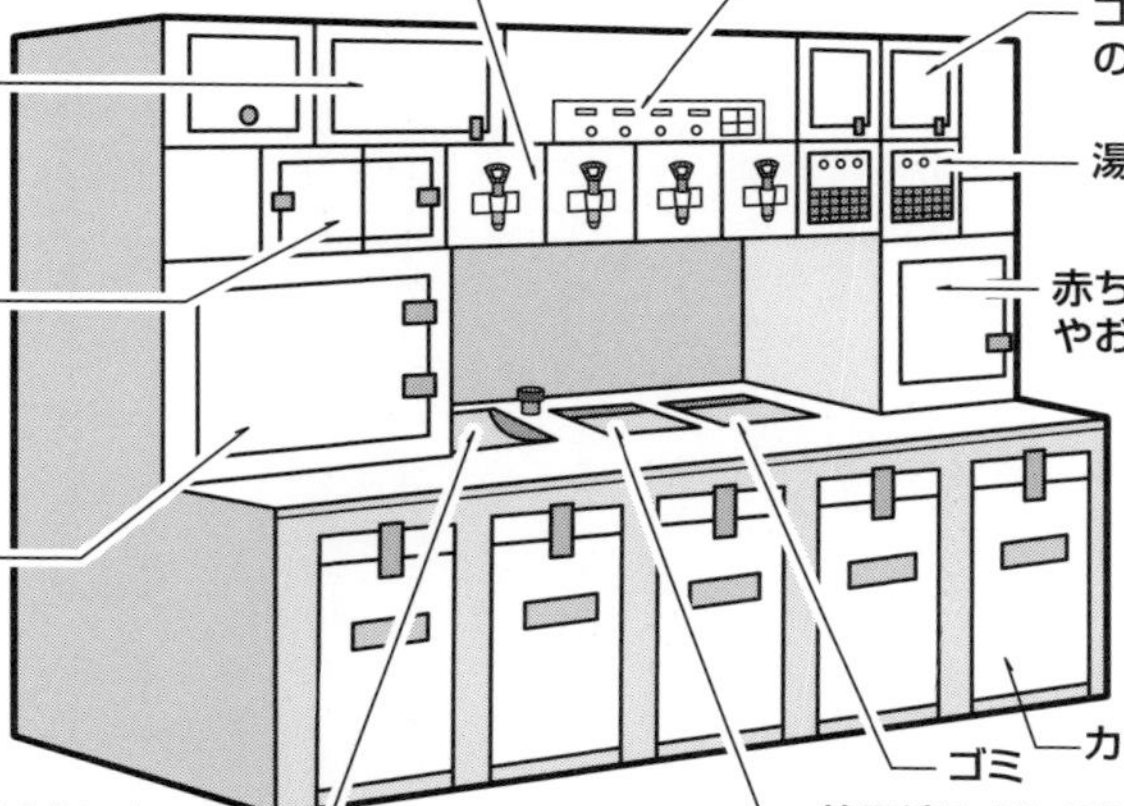
水やコーヒー、スープ等
が入っているタンク
オーブン等の
スイッチ類
グローブ・
ヘッドホン等
コーヒー
の缶等
湯沸し器
温かい
おしぼり
赤ちゃんのミルク
やお酒を温める
アイスバケツ・
急須類
カート入れ
ゴミ
液体を捨てるタンク
使用済みおしぼり

09 化粧室（ラバトリー）のしくみ

飛行機の化粧室（トイレ）は、ラバトリー（Lavatory）と表示されています。機内に設置されているラバトリーの位置や数は、機種やキャビンの座席配置によって異なります。

大きな飛行機はラバトリーの数も多くなります。国際線のジャンボ機を例にとれば、メインデッキに12ケ所、アッパデッキと呼ばれる2階部分に１ケ所の合計13ケ所のラバトリーが設置されています。乗客30～40人に１ケ所の割合と考えられます。

ところで、一般的にラバトリーは専門の業者によってユニット化されたものが作られます。１ユニット当たりの値段は５００万円以上、耐用年数は15年以上です。

化粧室のさまざまな備品

ラバトリーは狭い個室ですが、便利なものがいっぱい詰まっています。便器の横には、化粧用の大型の鏡と冷水・温水の蛇口のある洗面台があります。壁面には収納棚があり、石鹸、化粧品、吐袋《とぶくろ》、ナプキン、ティッシュペーパーなどがあります。お手拭、歯ブラシ、クシや髭剃り用のカミソリまで揃っていることもあります。

その他、緊急時に客室乗務員を呼ぶアテンダントコールや、酸素マスクも装備されています。灰皿がありますが、化粧室の中も禁煙です。

トイレシステム

飛行機のトイレシステムには、真空フラッシング式と循環式の2種類があります。いずれも水の使用を少なくすることを第一に考えたシステムです。

真空フラッシング式は、トイレボウル、洗浄装置、貯蔵タンクで構成されています。使用する水が少なくてすむので貯蔵タンクが小型化できるという利点があり、ジャンボ（Ｂ７４７-４００）、Ｂ７６７、Ｂ７７７など多くの機種で採用されています。

循環式の場合、各トイレに貯蔵タンクがあり、ここに蓄えられた汚水をフィルターでろ過して何度も繰り返し利用します。水洗ボタンを押すと青色の水が出てくるのが循環式です。なお、洗面台の手洗い用の水はまったく別の水です。

狭い空間に便利なものが詰まっている

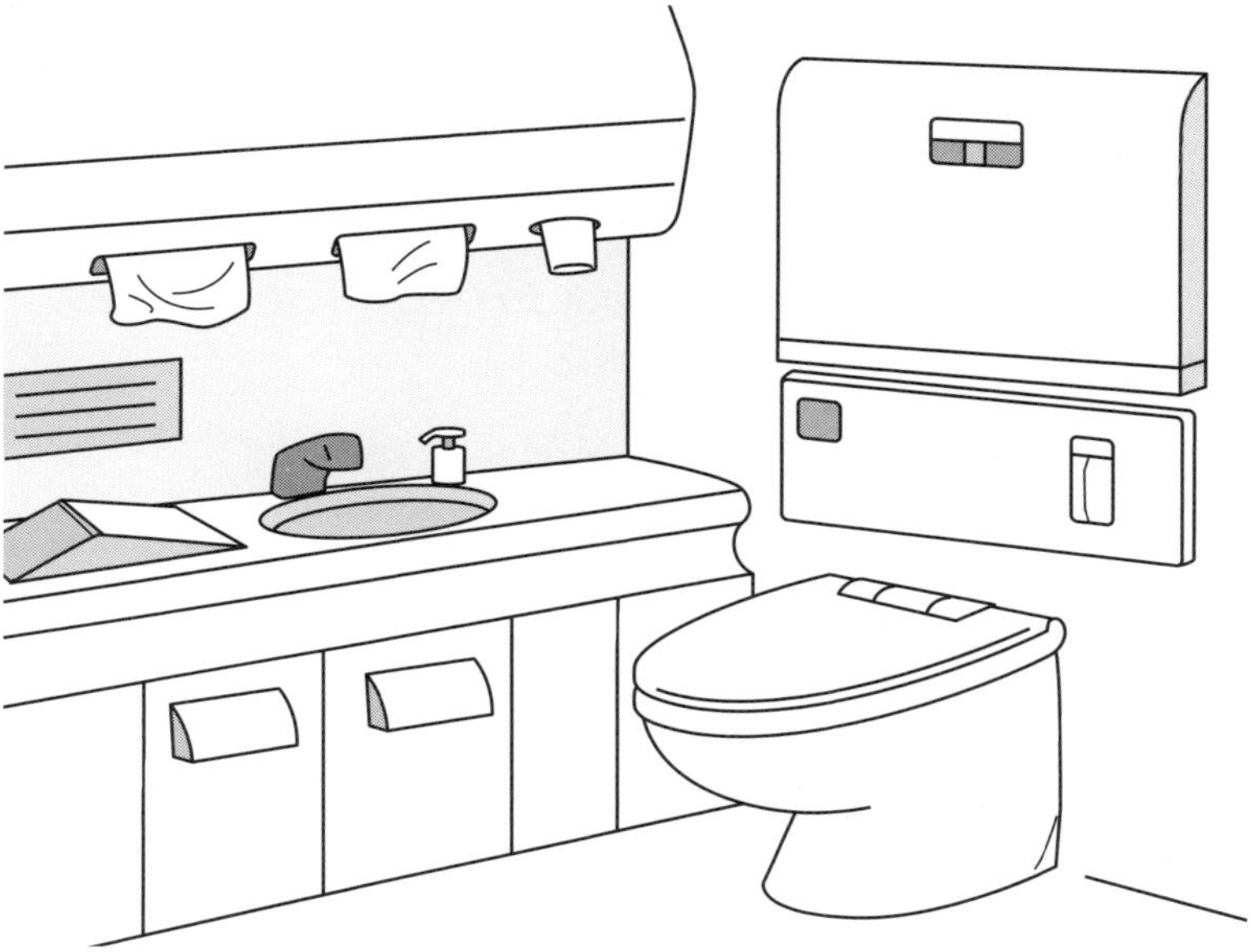

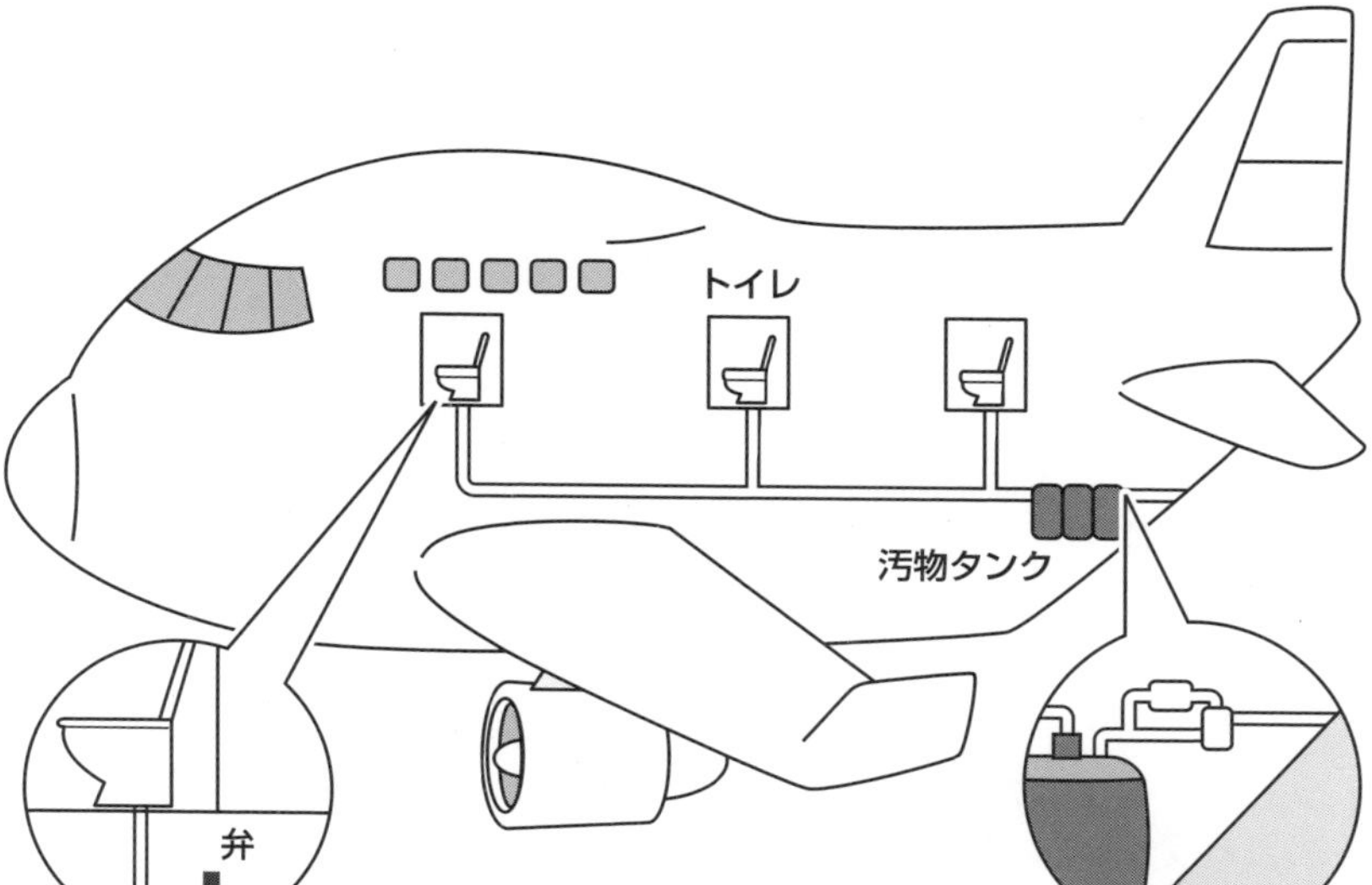

COLUMN

ブリーフィングって何するの？

ブリーフィングとは、航空業界でよく使われる言葉で、簡単に言えば打ち合わせのことです。その構成メンバーによっていくつかの種類があります。

●デスパッチ・ブリーフィング

コクピットクルーとデスパッチャーによる打ち合わせです。フライトプランをもとに気象状況の説明、所要時間、搭載燃料、高度などを打ち合わせます。

フライトプランに問題がないことが確認され、機長とデスパッチャーがフライトプランにサインをして、正式に飛行ルートや高度が決まります。だいたい出発2時間前くらいに行われるのが一般的です。デスパッチ・ブリーフィングが終わるとコクピットクルーはフライトプランを持ち、キャビンクルーとの合同ブリーフィングに向かいます。デスパッチャーは管制に対してフライトプランを提出します。

●キャビン・ブリーフィング

コクピットクルーがデスパッチャーとブリーフィングをしている間に行われるのが、キャビンクルーによるキャビン・ブリーフィングです。機内サービスの手順や緊急時の対応など、旅客サービス全般を打ち合わせます。キャビンクルー全員が参加します。キャビンクルーを統括するチーフパーサーが中心になって行われることが多いようです。

●合同ブリーフィング

コクピットクルーとキャビンクルー合同の打ち合わせです。天候による影響などを話し合う最終的な打ち合わせで、クルー全員が参加します。通常は、オペレーションセンター内で行われますが、場合によっては全クルーが揃ってから機内で行われることもあります。

●デ・ブリーフィング

フライト中のコクピットクルーとキャビンクルーのコーディネーション、サービス上の問題点などがなかったかどうか、目的地到着後に行われる反省会的な打ち合わせです。

4章

飛行機の運航に携わる人たち

01

運航乗務員（コクピットクルー）の役割

操縦室で飛行機の操縦や各システムを操作する乗員を総称して運航乗務員（コクピットクルー）と呼びます。運航乗務員は、担当業務と資格によって、機長（キャプテン）、副操縦士（コー・パイロット）、航空機関士（フライトエンジニア）に分けられます。

これまでの旅客機には機長、副操縦士、航空機関士の3名が乗務していましたが、最近の第4世代といわれるB747-400やB777などの旅客機は、機長と副操縦士の2名で運航されるのが一般的になっています。

機長の仕事と資格

航空法によって、「機長は、当該航空機に乗り組んでその職務を行うものを指揮監督する」と定められています。つまり、機長は、正操縦士として飛行機を操縦するだけでなく、機内の最高責任者として客室乗務員を含む全乗務員を指揮し、飛行機を安全に運航する責任を負っています。出発前には、航空機の確認作業、デスパッチャーとの打ち合わせを経て、飛行計画を決

定します。

また、機内での犯罪予防や安全のため、必要に応じて強制力を行使することも許されています。

機長には、定期運送用操縦士の資格および乗務する飛行機の形式限定の資格が必要です。ほかにも各航空会社で定められた条件を満たさなければ機長として乗務することはできません。

副操縦士の仕事と資格

副操縦士の業務は、機長を補佐して飛行機を操縦するほかに、地上管制官との無線による交信も含まれます。副操縦士として乗務するには、航空法で定められた事業用操縦士および乗務する飛行機の形式限定資格が必要です。

航空機関士の仕事と資格

航空機関士は、航空法に定められた航空機関士の資格と乗務する飛行機の形式限定資格を取得しなければなりません。飛行機のエンジン、各システムや機械類を正常に作動させることが業務です。出発前の機体や各システムの点検、燃料の搭載管理、離着陸時の性能計算なども航空機関士の役割です。

02

運航管理者（デスパッチャー）の役割

運航管理者はデスパッチャーとも呼ばれ、飛行機の出発に先立って安全かつ効率的なフライトプランを作成します。出発後は、目的地に到着するまで飛行機と連絡をとって、必要な情報を提供するなど飛行機の運航を監視します。

運航管理者の業務

運航管理者の具体的な業務は、フライトプラン（飛行計画書）の作成、機長とのブリーフィング（打ち合わせ）、搭乗積載管理、地上作業などの運航支援、気象状況の変化などの各種情報提供など、多岐にわたります。

機長とのブリーフィングでは、目的地飛行場・代替飛行場・航空路における最新気象情報、航空情報、使用する機体の状態、搭乗する旅客や貨物などの運航に必要な情報を収集し、必要燃料を計算し、安全かつ効率的な飛行ができるようにフライトプランを作成します。通常、この作業は出発1時間前に行います。

運航管理者の資格

航空法77条に次のように定められています。「定期航空運送事業の用に供する航空機は、その機長が定期航空運送事業者の置く運航管理者の承認を得なければ、出発、または飛行計画を変更してはならない」

このように運航管理者は、飛行機の運航に関して、機長と同等の強い権限を持っています。運航管理者は機長の地上におけるパートナーともいえる存在です。

運航管理者になるには、運航管理者技能検定という国家試験に合格しなければなりません。飛行中の飛行機との交信にあたるため、航空無線通信士または、特殊無線技士の資格も必要です。国家試験は、「航法（ナビゲーション）」「航空法」「航空工学」「気象」「施設」「通信」の6つの学科試験と運航管理の実務に関する実技試験があります。

日本には、運航管理者になるための教育・訓練機関はありません。各航空会社が自社の社員のなかから適正を見て選抜し、社内で教育・訓練して国家資格を取得させるというのが普通です。したがって、国家試験の前に、航空会社内の審査に合格しなければなりません。

客室乗務員（キャビンクルー）の役割

旅客機の客室をキャビンといいます。このことから、機内で乗客の世話をする乗務員を一般的にキャビンクルーといいます。従来、スチュワーデスと呼ばれていましたが、客室乗務員には男性もいます。雇用機会均等法が制定されたこともあり、スチュワーデスという呼び方をする航空会社は少なくなりました。「キャビンアテンダント」（ANA）、「フライトアテンダント」（JAL）など、航空会社によって呼び方が違うようです。ほかに、客室乗務員としてパーサーやスーパーバイザーなどの職種をおいている航空会社もあります。

客室乗務員の役割

客室乗務員の業務に、機内での乗客へのサービスがありますが、もうひとつ大きな役割があります。それは保安要員としての業務、つまり乗客の安全を守ることです。

緊急事態が発生したときの避難誘導や救助は重要な任務ですが、緊急時だけでなく、機内の安全のための業務は常に行われています。出発前の救命用具の使用

説明、機内に不審物がないかどうかのチェックや乗客のシートベルトの装着や荷物の収納状態の確認など、常に乗客の安全のために客室を回ってチェックしています。

客室での乗客へのサービスの基準は航空会社ごとに決められていますが、性別や年齢、職業や人種の異なる乗客に細やかな対応が必要なうえ、気圧の変化やエンジンの振動に常にさらされるなど、職場環境は必ずしも良好とはいえません。路線によっては、昼夜勤務も少なくありません。こうしたことを考えると、華やかな見かけとは違って客室乗務員の仕事は重労働です。

客室乗務員の訓練

客室乗務員として航空会社に採用されると、いろいろな訓練が待ち受けています。

機内での飲み物や食事などのサービスを含めた接客サービスや英会話、航空機や運航の知識に始まり、緊急時の処理要領、緊急装備品の取り扱いから救急看護法にいたるまで、あらゆる訓練が実施されます。いかなる場合にも冷静に、乗客の安全を第一に行動するように訓練を受けるのです。

航空整備士（メンテナンスエンジニア）の役割

航空業界というと、パイロットやキャビンクルーなど華やかな仕事にスポットライトが当たりがちですが、毎日の安全で快適なフライトを支え続ける〝縁の下の力持ち〟が航空整備士です。

航空整備士とは、整備後の航空機の構造・強度・性能が基準に適合するかを確認し、航空機の安全を確保するのが業務です。

1等・2等航空整備士と、作業範囲が限定された1等・2等航空運航整備士では、それぞれ扱える航空機の種類が異なっています。このほかに航空工場整備士という資格があります。いずれも国土交通省所轄の国家資格です。

飛行機が整備を終えて出発する際には、必ず有資格者の確認・署名が必要です。1等航空整備士だけが署名・確認の権限を持っています。整備士の資格は、航空機の種類、形式などによって異なっています。

整備士になるには

航空会社や整備会社によって条件は違いますが、整

備士になるには航空専門学校の整備士養成コースに進んで航空会社に就職するというコースが一般的です。

飛行機は主にアメリカとヨーロッパで製造され、整備マニュアルなども英語表記が多いため、英語は必須です。一人前の整備士になるには10年以上かかるといわれています。

整備士の業務

飛行機の整備は、航空機材の安全性、定時制、快適性の維持向上のための活動です。点検、検査、サービシングと呼ばれる燃料補給、給油、液体気体類の補充、クリーニングなどのほか、部品の製作や飛行機の移動なども含まれます。

航空機の整備は、飛行時間や飛行回数によっておおむね4段階に分かれます。①飛行機が空港に到着後、次の目的地に出発するまでの間に行う整備、②車でいう「6ケ月点検」にあたる点検・整備、③1年～1年半（または飛行時間6000時間程度）ごとの整備、④約5年（または飛行時間2万4000～3万時間）ごとに行われる大規模な点検・整備があります。

05

グランドホステスの役割

旅客の案内、チェックイン、改札、旅客の誘導など、旅客が空港に到着してから機内に乗り込むまでのすべての業務を担当するのがグランドホステスです。

空港の出発ロビーの各航空会社のチェックインカウンターで、制服を着て仕事をしている姿は颯爽としていて、女性に人気の高い職業ですが、その仕事の守備範囲は広く大変です。

幅広い、グランドホステスの仕事

グランドホステスの仕事には、まず搭乗手続きがあります。航空券の確認、座席の割り当てや受託手荷物の計量や預り証の発行、国際線ではパスポートやビザのチェックもあります。制限以上の手荷物に対する超過料金の徴収も大切な業務です。

ゲートやサテライトでの旅客の誘導、幼児や身体障害者のケア、あるいはＶＩＰの接遇も重要な仕事です。搭乗前には、機内への案内、ボーディングパスの回収、旅客数をカウントし確認後にゲートをクローズします。

搭乗時間を忘れて買い物をしている旅客への案内や、

搭乗時刻ギリギリにチェックインした旅客の誘導に空港内を走る姿を見ることもあります。世界中から送られてくる情報を管理し、出発便のコントロールを行うのもグランドホステスの業務です。

機内食の手配やクルーへ必要事項のブリーフィングを行うのも仕事のひとつです。

空港全体が守備範囲

フライトの遅れやキャンセル（欠航）などがあるとグランドホステスは大忙しです。旅客への案内や説明、乗り継ぎや振り替の手配、場合によってはホテルの手配もしなければなりません。また、旅客の手荷物が到着しなかったときなどのクレーム対応もグランドホステスです。

広い空港全体が守備範囲で、一番旅客と接することの多い仕事です。ある意味で、航空会社で一番大変で、重要な仕事かもしれません。

日本の航空会社では、ANAは「グランドホステス」という職種で採用をしていますが、JALは、女子地上職員として一括採用して、その後グランドホステスとして配属されています。

航空管制官の役割

空港の管制塔の中から、飛行機に対して指示や許可を出しているのが航空管制官です。飛行する航空機や空港に離着陸する飛行機に対して、無線やレーダーなどの機器を利用して指示を与え、航空交通の安全と秩序ある流れを守るのが航空管制官の役割です。

航空管制官の仕事

日本の空を飛ぶ飛行機の大部分は、航空管制官の指示や許可を受けなければ飛行してはいけないことになっています。航空法96条で「航空機は、航空交通管制区又は航空交通管制圏においては、国土交通大臣が航空交通の安全を考慮して、離陸若しくは着陸の順序、時機若しくは方法又は飛行の方法について与える指示に従って航行しなければならない」とされています。

航空管制官は、地上ですべての飛行機の位置と高度を確認しながら、飛行機同士の安全な間隔を維持しているのです。また、離着陸や空港内での移動もすべて航空管制官の許可がないとできません。このように、空の安全を守るという公共性の高い仕事です。そのた

め、日本では航空管制は国土交通省航空局あるいは陸上・海上・航空自衛隊のいずれかに属する国家公務員の仕事として行われています。ヨーロッパ（イギリス、スイスなど）では民間企業が航空管制業務を行っている国もあります。

ちなみに、航空交通管制は、飛行管制、進入・ターミナルレーダー管制、着陸誘導管制、航空路管制に分かれています。また、航空管制や、その他飛行機の運航の安全を守る仕事を航空保安業務といいます。

航空管制官になるには

平成15年現在で、日本全国におよそ1700名の航空管制官がいます。全国4ケ所にある航空交通管制部（札幌・東京・福岡・那覇）や全国の空港に勤務し、主に空域の交通を管理して航空機の円滑な運航を支えています。航空管制官になるには、航空大学校に入学、基礎訓練を積み、その後各地の空港に配属され実地で訓練を重ね航空管制官になります。自衛隊に所属する航空管制官は自衛官でもあり、その養成は航空自衛隊が一括して行っています。

その他の人々の役割

航空会社では、パイロットやキャビンクルーといった運航乗務員だけでなく、多くの人が飛行機の運航を支えています。

日本航空や全日空の従業員の半分は飛行機に乗務する運航乗務員ではありません。グランドホステスや整備士のほかにもさまざまな作業に携わる人たちがいます。

安全な運航を支える多くの人たち

旅客機が到着すると周りで忙しく働いている人がたくさんいます。みんな同じようなツナギの服を着ています。旅客機が着陸すると、旗を振って到着機をスポットに誘導する人がいます。荷物の搬出入やトイレの汚物処理、燃料の補給などの作業をする人がいます。

飛行機はバックができませんから、出発に際してスポットから滑走路へ出るにはトーイングカーの世話になります。このトーイングカーを運転する人などをグランドハンドリングスタッフと呼びます。整備士も同じようなツナギの服を着ていますから区別がつきにく

いのですが、整備とは違う作業に従事しています。
また、食料の積み込みは、契約しているケイタリング会社が行います。

管理部門も重要な仕事

空港や工場などの現場で作業に従事する人たちだけが飛行機の運航を支えているわけではありません。

航空会社には、営業のスタッフもマーケティングスタッフもいて、セールス活動を通じて旅客や貨物を集めています。旅行会社や航空貨物代理店への営業活動のみならず、新しい旅行商品の企画なども重要な仕事です。

多くのコンピュータシステムが日常の業務を支援しています。こうしたコンピュータシステムの開発もメンテナンスに携わる人たちも重要な役割を果たしています。

また、航空会社といえども民間会社ですから、人事・総務・経理といった管理部門もあります。

こうした、いろいろな部門が一体となって飛行機の安全な運航を実現しているのです。

COLUMN

カボタージュ（Cabotage）

カボタージュとは「同一国内及び海外領土間の運送規則」です。つまり、外国の航空機に対して、自国内の2地点間の運送を禁止することをカボタージュの禁止といいます。

シカゴ条約第7条は、カボタージュ（国内運送）権の確立として次のように規定しています。「各国はその領土内の2地点間の有償または貸切りの運送を外国の航空機に許可しない権利を有する。」（シカゴ条約第7条）

例えば、仮に成田発の日本航空機がホノルル経由ロサンゼルスというルートで運航しているとします。この場合、ホノルルーロサンゼルスは米国内の2地点間なので、この区間の貨物の輸送はできません。つまり、ホノルルで人や貨物を積み、ロサンゼルスで降ろすことはできないのです。

このようにシカゴ条約では、各条約締結国に対してカボタージュ禁止の権利を認めています。カボタージュ規制は国内法の問題であり、その禁止や自由化はそれぞれの国が決めることができます。しかし、シカゴ条約では、他国の航空企業に対して排他的にカボタージュの特権を与え、また、逆に他国からコボタージュについて排他的な特権を取得することを禁止しています。現在の一般的なカボタージュの取扱は、純粋な国内区間の運送は自国の航空会社に限り許可するのが通例です。

1997年4月、EU域内の航空輸送においてカボタージュが撤廃されました。その結果、ドイツのルフトハンザ航空が、例えばイタリアのミラノとジェノア間を運航することも可能となったわけです。しかし、これはEU域内に限ったものであり、EU域外の国や企業に対してカボタージュは禁止されています。

「以遠権」がカボタージュとよく間違われますが、カボタージュは相手国の2地点間の貨客輸送です。以遠権は、相手国から第3国へ貨客を輸送する権利のことで、「第5の権利」にあたるものです。

なお、カボタージュの考え方や適用は、海運においても同様です。つまり、国内海上輸送、つまり内航海運は外国船には認めていないのがどこの国も普通です。

5章

飛行機の一生
——飛行機の誕生・生産から墓場まで

基本構想

開発前には綿密な調査

航空機の開発費用は、数千億円、大型旅客機になると総額1兆円を超えるとも言われています。ジャンボ機1機の値段は200～250億円で、開発には5年もの歳月がかかりますから、航空機メーカーは開発費を回収するには数百機を売らなければなりません。

したがって、各航空機メーカーは綿密な市場調査のうえで、ニーズに合ったものを作ることになります。開発する際には、「どういう目的の旅客機を作るのか」といった、基本構想から始まります。

各種条件から、まず「胴体」を決定

まず、就航するのは国際線か国内線か、国内線でも大都市間か地方の小さな都市を結ぶ航路かによって、航続距離と予想乗客数が決まります。具体的には、座席数、座席の余裕、天井の高さ、通路の幅、貨物の積載量などの条件が出てきます。

これらの条件を加味して、まず決められるのが胴体です。旅客機の胴体は、その太さによって3種類に分けられます。ワイドボディ（広胴型）、ナロウボディ（狭胴型）、セミワイドボディです。

ワイドボディは、ジャンボ機に代表される幅6メートル前後の太い胴体で、客室に通路が2本あるのが特徴です。座席は横に8列から10列あります。ジャンボ機以降に登場した比較的新しいタイプです。一方の、ナロウボディは胴体幅3・5メートル以下、通路は中央に1本、座席は横に6列というのが一般的です。セミワイドボディはこれらの中間型で胴体幅5メートル、通路2本で座席7列です。現在採用しているのは、B767のみです。多くの乗客や貨物を乗せるならワイドボディ、短距離で乗客数が限られているならナロウボディとなります。

また、胴体の長さを短くすることで積載量を減らし、航続距離を伸ばすこともあります。座席数、胴体の形が決まると重量が決まり、それに合ったエンジンや脚、補助翼、燃料タンクなどの構造が決められます。

最近は、維持管理費の経済性や乗客へのサービスといったことも、基本構想を考えるうえで重要な要素です。

開発時に最初に決めること

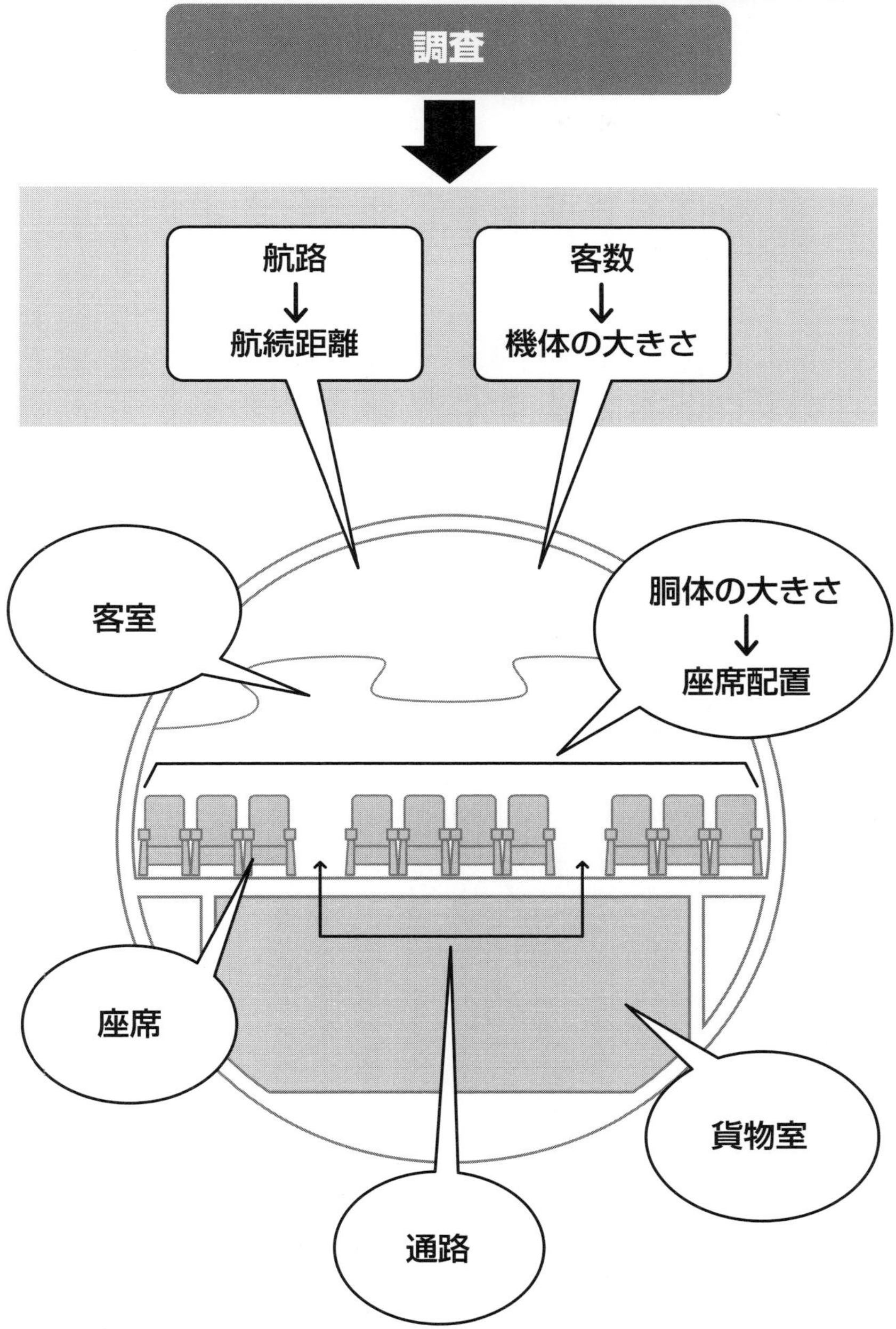

メーカーによる設計思想の違い

旅客機はメーカーによって「設計思想」が大きく異なります。旅客機の場合、どのメーカーも安定性に重点を置いている点では同じですが、相違点も少なくありません。航空機の２大メーカーであるボーイング社とエアバス社の最新鋭機Ｂ７８７とＡ３８０は、２００７年末から２００８年に投入されます。その設計思想には違いがみられます。

大型機と中型機

エアバス社は、今後もハブアンドスポークスが中心の長距離、大型化が続くとみていて、Ａ３８０開発の基本構想にもそれが表れています。総二階建で、座席数は通常で５５５席、最大８５０席設けられる超大型旅客機です。一方、ボーイング社は今後、新しい都市間の直行便が増えるとの考えに立ち、Ｂ７８７は中型で運航経済性重視のコンセプトとなっています。

人間重視か機械重視か

エアバス社はコンピュータ制御による自動操縦に重点を置いた設計が基本です。非常時に人間の判断よりコンピュータの判断を優先させています。ボーイング社は、最終的にはコンピュータより人間の判断を優先する設計です。コンピュータを使うのは人間である、という立場です。ただし、エアバス社は１９９４年に名古屋空港で起きた中華航空機事故を機にコンピュータ優先の方針を修正して、現在は人間の判断を優先させる設計を採用しています。

操縦桿と客室の違い

航空機の操縦桿は舵輪《だりん》である必要はありませんが、ボーイング社はコクピットの操縦桿を今もステアリングホイールにしています。エアバス社は、サイドスティックを採用、ホイールはありません。

Ｂ７８７は客室の快適性を重視しています。そのひとつが照明におけるムードライティング方式の採用です。大きな窓にもシェルターはなく、液晶カーテンで乗客が自由に明るさを調整できます。Ａ３８０は、床下を利用して休憩所やビジネスセンター、バーが設けられるようになっています。

エアバス社とボーイング社の設計思想

より大型化を追求

経済性を重視した中型機へ戦略転換

		エアバスA380	ボーイング787-(8)
機体寸法	全長	73m	56.7m
	全高	24.1m	16.9m
	全幅	79.8m	60.1m
設計重量	最大離陸重量	560t	216.5t
	最大着陸重量	386t	−
	最大容積ペイロード	66.4t	−
基本運航データ	基本座席数	555	210〜250
	航続距離	14,800km	14,800〜15,700km
	最大巡航速度	マッハ0.89	マッハ0.85

総2階建てですべてエコノミークラスにすると最大800座席の確保が可能

構造設計と翼

航続距離と座席数によって胴体の形が決まると重量が決まります。これらの基本構想が固まると、次は構造計画に進みます。そこで一番重要なのが翼です。飛行に欠かせないのが翼ですが、その形状や大きさによって安定性、操縦性といった性能に大きな違いが出てきます。

一般に旅客機は、後退翼で上反角を持った主翼と水平安定板を装備した尾翼を持っています。戦闘機の主翼は三角翼で、機体の大きさに比べて非常に小さくなっています。旅客機が安定性を重視しているのに対して、戦闘機が安定性よりも運動性と操縦性を重視した結果です。

大きな翼には欠陥もある

長く大きい翼は折れやすく、その大きさによっては空港の駐機スペースにも問題が生じます。これらを翼の2大欠陥といいます。

ジャンボ機（Ｂ７４７）は機体の全長が70ｍなのに対して、全幅は64・４ｍあります。エアバス社のＡ３８０は全長73ｍ、幅が79・８ｍもあります。このため、世界の主要空港は、Ａ３８０の就航に合わせてターミナルの拡張整備を急いでいます。

８ｍしなっても問題はない

地上では重力により下向きに力が加わります。しかし、飛行中は主翼には下から上に引き上げる揚力が働きます。これを押さえる役目が、主翼の下についているエンジンと、主翼のなかにある燃料です。これらが錘の役目を果たしています。それでも、主翼の先端は飛行中２～３ｍ上方にしなっています。旅客機の耐久テストでは、８ｍしなっても問題ないことが実証されています。

主翼にはエルロン、フラップ、スポイラーなどの部位があります。エルロンは上下に動いて機体の左右の傾斜を制御します。フラップは高揚力装置といい、主翼の形や面積を変化させることで離着陸時の低速、飛行時の高速に対応します。スポイラーは一種のブレーキです。設計にあたっては、こうした各部分の位置や面積、動き方を含めて主翼全体の形、面積が構造計画の段階で議論され決められます。例えばＢ７７７の開発では、主翼の議論に４００人の技術者が参加したそうです

翼のさまざまな部位

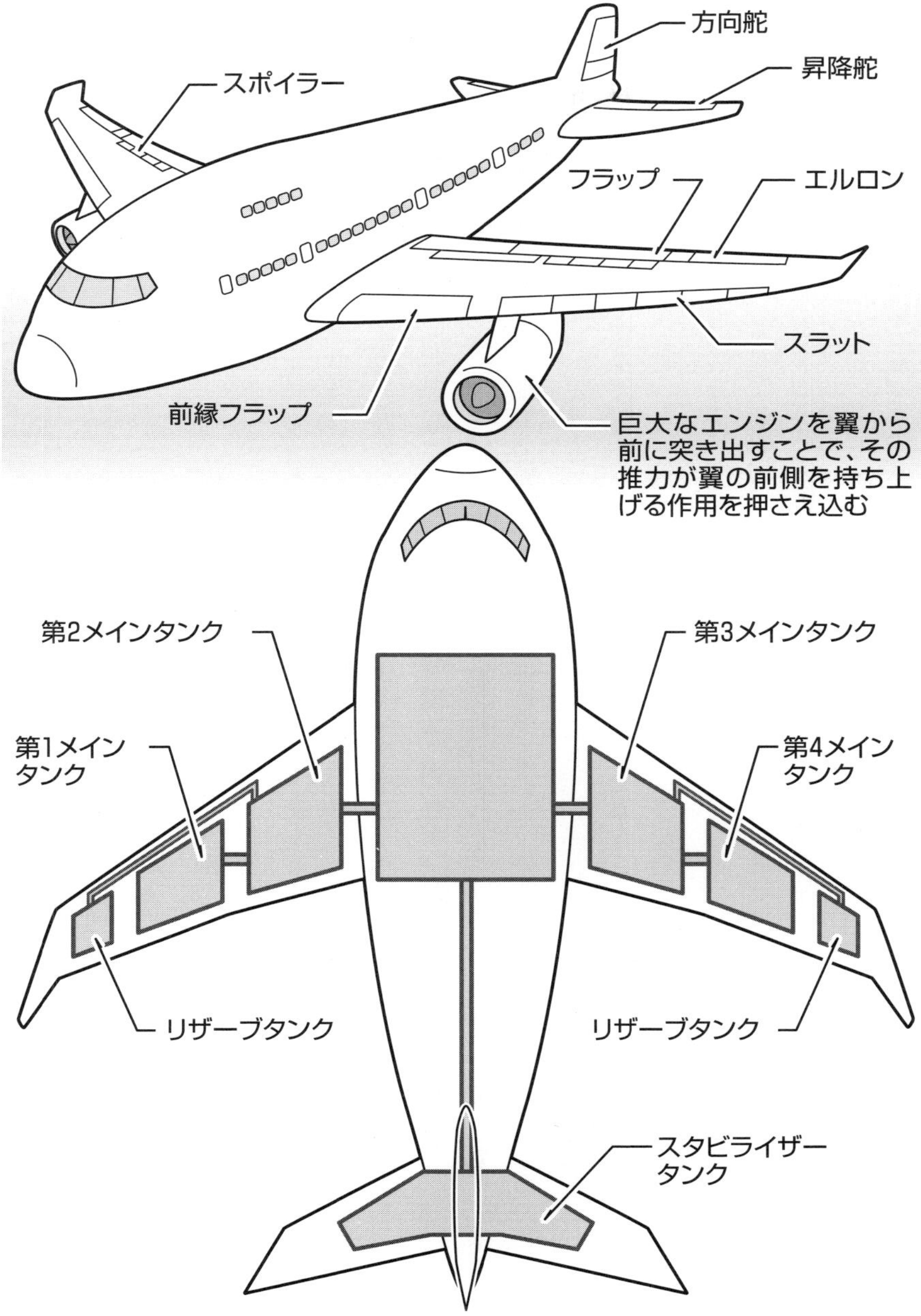
方向舵
昇降舵
スポイラー
フラップ
エルロン
スラット
前縁フラップ
巨大なエンジンを翼から前に突き出すことで、その推力が翼の前側を持ち上げる作用を押さえ込む
第2メインタンク
第3メインタンク
第1メインタンク
第4メインタンク
リザーブタンク
リザーブタンク
スタビライザータンク

設計――国際共同開発、実物大模型とテスト

国際共同開発

旅客機の開発には1兆円という莫大な費用が必要です。開発リスクを分散させる意味もあり、今日では新しい旅客機は国際的な共同開発されるのが一般的です。

多くの部品がパートナー企業によって製造されます。開発当初から参加し、設計・製造を担当しています。大型旅客機の設計にあたっては、日米欧の企業の技術者数千人から1万人が議論・討論に参加しています。

技術者のほかに、パイロットや客室乗務員も実際に使用する立場から客室やコクピット内の設備、備品などについての検討に加わります。例えば、トイレの扉やハンドルの位置や形状、ギャレーの配置などです。

実物大模型とテスト

客室と翼は実物大のモデルを作ってテストします。これらは一つひとつが手作りです。客室の実物大モデルで、実際の居住性やレイアウトの使い勝手について確認を行います。

旅客機のパンフレットの写真などは、この実物大モデルが使われています。また、CMや映画の撮影用にも利用されます。コクピットも実物大モデルを作り、操縦のための機器が正常に設計どおり作動するかが確認されます。また、翼は精密縮小模型を作り、風洞実験で空気の流れのテストをします。

こうした、実物、小型モデルを使ったあらゆる実験と確認作業を経て、実際の製造へと移るのです。

フェールセーフとセーフライン

旅客機の設計では、構造の一部が破損しても別系統や別構造によって一時的に安全性が保たれるためのしくみが設けられ、部品・金属疲労に対する安全策が講じられています。これをフェールセーフと呼びます。

もうひとつの安全策がセーフラインといわれるものです。これは、安全寿命のことです。構造試験によって得られた限界使用時間を考慮して設計されています。

ジャンボ機は、部品の交換・改修なしで総飛行時間6万時間、離着陸回数2万回を保証するような高度な設計がされているのです。

日本のメーカーが担当する部分は全体の35%

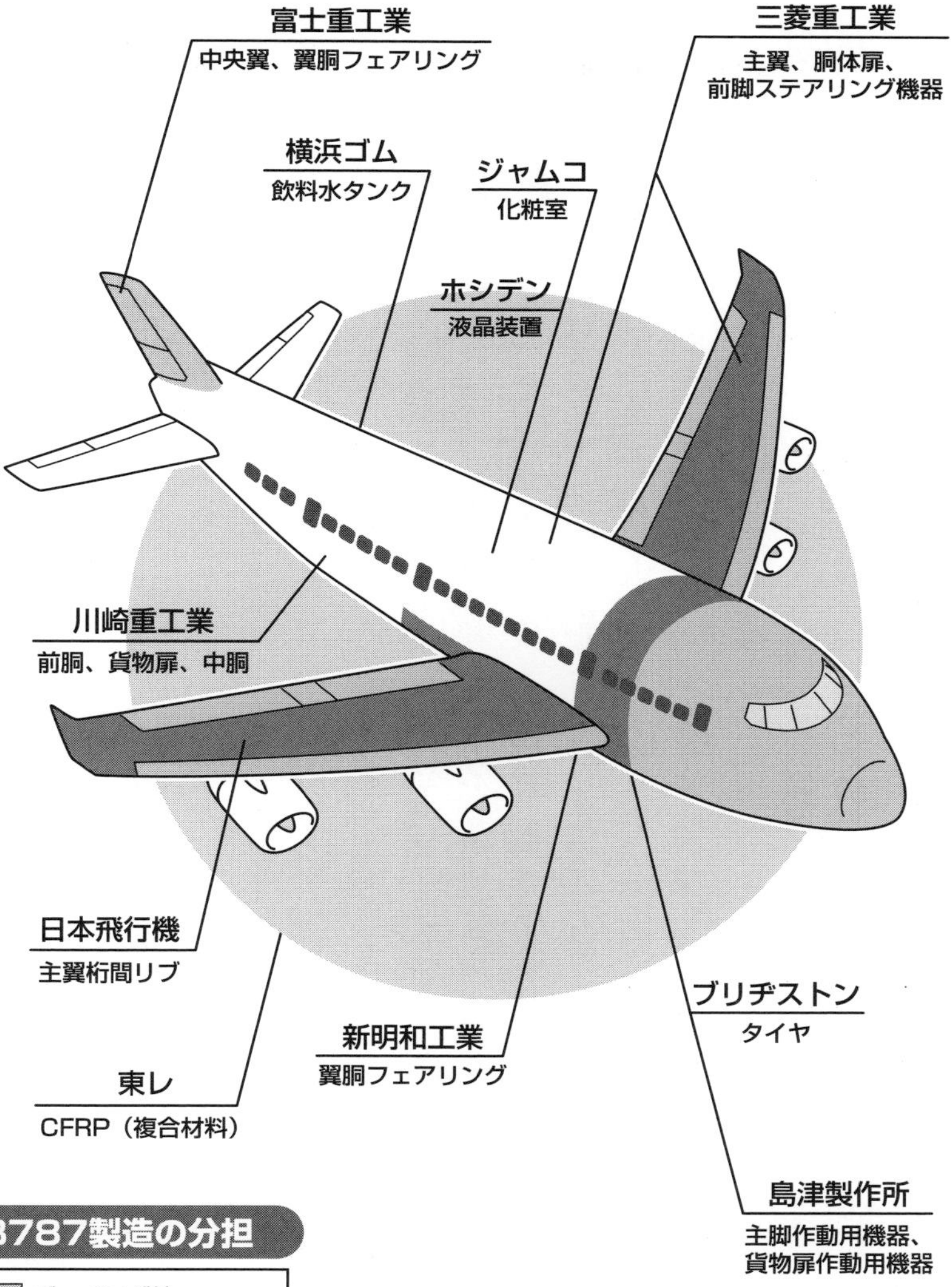

B787製造の分担

- ボーイング社
- 日本のメーカー
- イタリアのメーカー

05

機体とエンジン製造――主要な部分は手作業

機体の中で製造に特別に時間をかける部分があります。翼やエンジンはもちろん、強度や密閉性が要求されるドアがそうです。他にも、翼のつけ根の胴体との接合や、外板や補強材、フレーム、隔壁などとの接合に使われるリベット打ちなどがあります。超近代的な旅客機でも、それらの重要な部分の多くが手作りされています。

繰り返し行う過酷なテスト

旅客機のエンジン部品は約5万個あります。かなりの部品が熟練工によって手作業で組み立てられています。

組み立ての次は、検査とテストです。燃料タンクの検査、エンジン点火後の油圧系統、補助動力、発電機が正常に作動するかどうかの試験。さらに手動操縦、自動操縦いずれでも動くかどうかも確認されます。

エンジンは簡単に外から異物が入らないように設計されていますが、実際には雨や氷、鳥を吸い込むことも少なくありません。こうした事態を想定した実験も行われます。例えば、実際に毎分１０００リットルの水や５００リットルの氷の固まりを運転中のエンジンに吸わせてみます。また、鳥の死骸を使ったエンジンへの鳥の飛び込みテストも行われます。

客室ドアは特殊設計

旅客機には客室用ドア、貨物用ドア、脚を入れる脚室ドアの3種類があります。ドアには数多い開閉に耐えられる強度と密閉性が必要で、隙間がないかどうかは超音波を利用してテストを行います。

客室用のドアは直接大勢の人命にかかわる、特に重要な部分なので、すべて手作りです。ドアは強固であると同時に、非常の場合にも片手で容易に開閉できる特殊な設計になっています。

機体の中でも接合部に使われるリベットは大切です。大きさは直径6ミリ程度、接合する双方の材料に穴をあけてリベットを通し、反対側から先を潰して締めつけます。隙間があってはいけないので必ず試し打ちをし、断面を切って調べます。この穴の誤差は１００分の１ミリです。一般にはオートリベッターという機械を使いますが、複雑な湾曲面に打つときは手作業です。

複雑な湾曲面のリベット打ちは手作業

輸送と組み立て

部品の製造は世界各国で

旅客機の部品は米国だけでなく日本やイタリア、オーストラリアなどでその製造が分担されています。これらの部品が航空機メーカーのボーイング社やエアバス社に集められて組み立てられます。

エアバス社は一部を除きフランス南部のツールズにあるエアロスパシアルの工場で最終組み立てを行います。

ボーイング社は米国シアトル郊外のレントン工場、エバレット工場で組み立てます。B767やB747などの大型機が中心に組み立てられるエバレット工場の建物は、幅630メートル、奥行き492メートル、高さ35メートルという世界最大の容積を持つ建物です。

各国で作られた部品は、組み立て予定表に定められたスケジュールに沿って組み立て工場に運び込まれます。工場内のアッセンブリーラインで、前・中・後部胴体や左右の主翼、尾翼といったブロックごとに組み立てられ、その後、つなぎ合わされます。中央部分に左右の主翼を結合。メインアッセンブリーラインに乗せて移動する中で、分割された胴体や各部品を取りつけます。

最先端技術の塊である航空機工場ですが、手作業が主流です。エンジンや脚が取りつけられると、塗装工場に運ばれます。塗装も人間の手作業が中心です。1機に1000人もの人がかかわります。

巨大な精密機器は輸送も大変

旅客機の部品は大きいだけでなく精密でもあり各国から組み立て工場への輸送には大変神経を使います。

実際に輸送する前に、ダミーの鉄骨を使って振動計測器による輸送テストを行うこともあります。米国内では、先頭の運転席のほかに中央部真下の台車にも運転席のある巨大トレーラを使い、前後の運転席で連絡を取り合いながら交差点などを通過、輸送にあたります。また、B787の主翼は三菱重工業名古屋工場で製造しています。名古屋国際空港（セントレア）からB747貨物専用機で米国まで運ばれます。セントレアには貨物船用の岸壁が設けられていて一般道を通らなくても貨物機への積み替えが可能となっています。

世界中で作られた部品が航空機メーカーに集められる

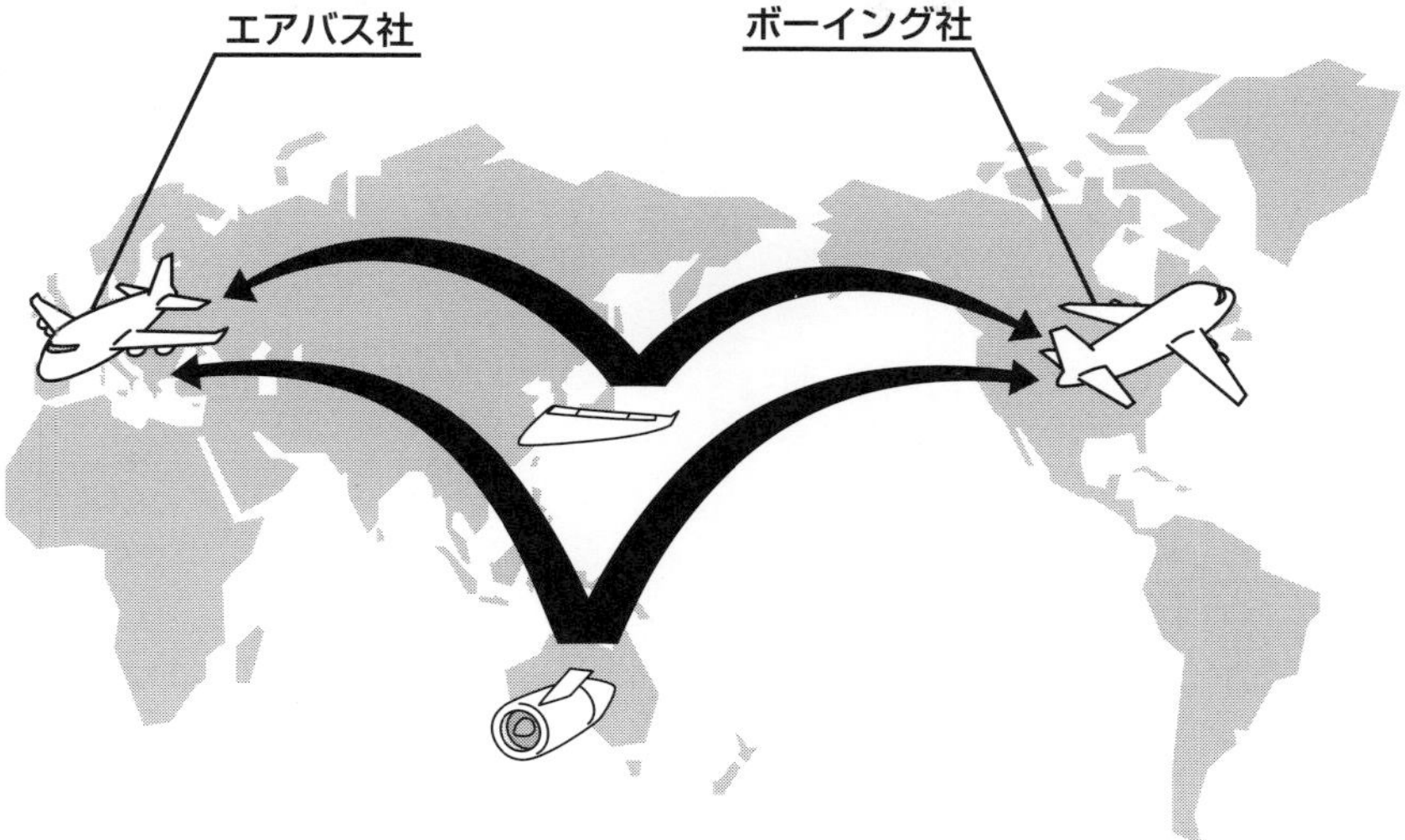

07

壊して検査

飛行機の機体は、どの程度の荷重に耐えられなければならないのでしょうか。

日本の場合は、航空法施行規則付属書に「安全性を確保するための技術上の基準」いわゆる耐空性基準が定められています。飛行機の構造や強度が耐空性基準に合致しているかどうかを確認するための試験が構造試験です。航空局検査官の立会いのもとで行われます。

構造と強度がこの試験に合格すると、国土交通省航空局によって型式証明や耐空証明が発行されます。

静的荷重試験、動的荷重試験と耐久試験があります。

静的荷重試験とは

主翼や、胴体、尾翼などに実際に荷重をかけて、機体に構造上問題がなく強度や剛性が十分かどうかを試験します。こうした構造試験は、強度試験用に作った機体や部品を使って地上で行います。実際に、主翼や胴体などに油圧惹起をつかって主翼をワイヤーで上方に吊り上げるなどの試験を行います。決められた荷重負荷に対して耐えられるかどうか、さらに、最終的に破壊されるまで負荷をかける破壊検査も行います。

組み立てられた機体を、壊すことでその安全性を確認するのです。

動的荷重試験とは

着陸装置の緩衝能力確認のための落下試験や機体構造の疲労試験です。主翼や機体に荷重を繰り返して加え、構造や材料の疲労に対する強度を調べます。飛行機は、気圧の低い上空と、気圧の高い地上という、気圧の違う場所を何度も往復します。このため機内に空気を注入、吸引を繰り返します。機体の膨らみ、縮みを繰りかえすことで、金属疲労の状況を試します。このテストを12万回以上も繰り返します。

耐久試験とは

エンジンの耐久性や信頼性を確認するために行う連続運転試験です。離陸出力での運転、緩速出力での運転をそれぞれ5分間、交互に1時間ずつ行います。この試験を全部で１５０時間行って、エンジンの耐久性を確認します。

安全な構造・強度を満たしているか、さまざまな試験を実施

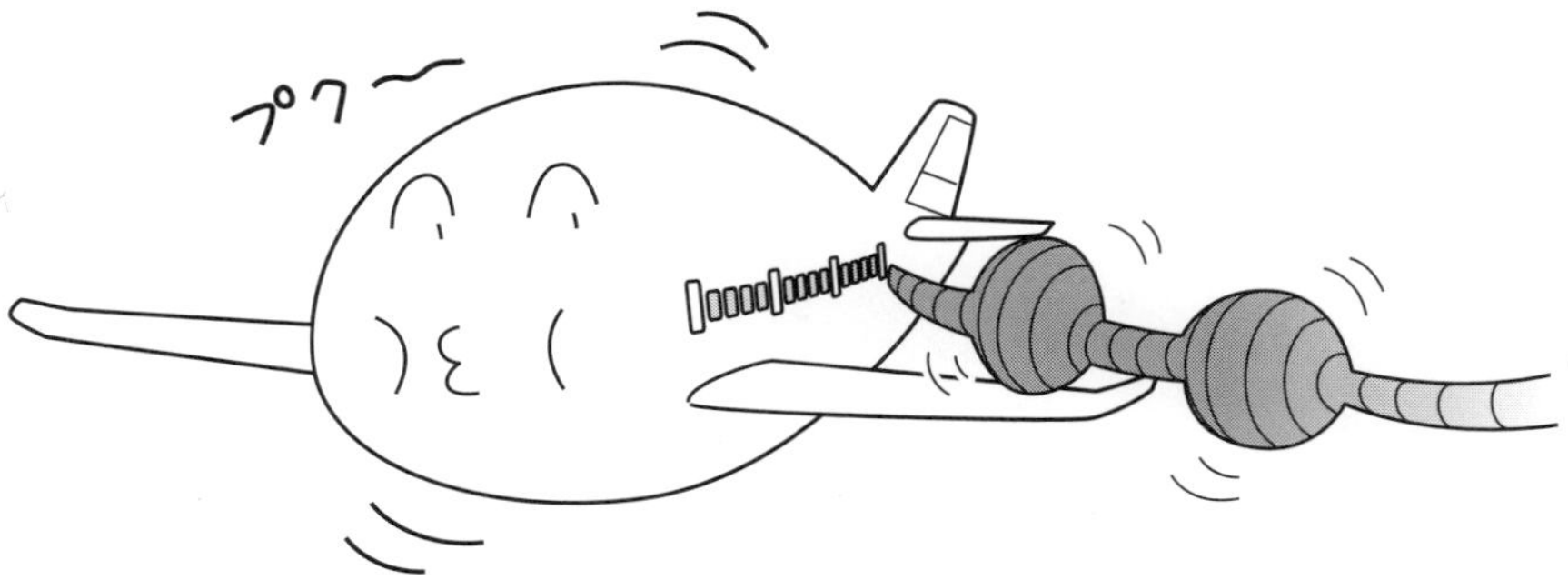

08 フライトテスト

航空会社への納入前に厳しい試験飛行

航空機を実際に飛行させて所定の事項を確認することを試験飛行（フライトテストまたはテストフライト）といいます。フライトテストは開発以降いくつかの段階で実施されます。①開発段階において技術データの収集、型式証明及び騒音証明のために実施、②量産体制に入って機体が完成したときに実施、③航空会社において機体の受け取り時に実施、④航空会社による整備作業（重整備や改修）が完了したときのほか、特別の技術調査目的などで行われます。

砂漠、火災、エンジン故障などを想定

フライトテストではあらゆる条件を想定してテストが行われます。例えば、機体完成後のテストでは、気象テスト、ブレーキテスト、脱出テストやアクロバット飛行、片方のエンジンが止まったときを想定した片肺飛行、あるいは全部のエンジンが停止したときを想定したテスト、火災を想定したテストなど、あらゆる場面と条件を想定するのです。

気象テストでは、灼熱の砂漠と極寒の空を実際に飛行します。ブレーキテストでは、最大速度、最大重量、最大推進力の状態で急ブレーキをかけるというテストを繰り返します。脱出テストは、15歳から60歳代まで、４００人以上の男女の乗客を想定し、かつ通路に障害物を置いた状態で90秒以内に機内から脱出するものです。

飛行計器類についても、正常に作動していないという前提でテストを行います。ですから装備されている計器のほかに気圧高度計を着けてのテストを行います。テストの内容によっては、パイロットのほかに技術者が乗り込みテストに参加します。

旅客機完成後、航空会社に引き渡される前にこうしたフライトテストがおよそ１５００回、時間にして３６００時間以上も実施されます。

その後、機体は磨かれ、圧搾空気でごみや水分が取り除かれ、航空会社ごとに指定されたデザインに塗装が施されます。こうして、あらゆる面からの安全確認ができてから、機体は航空会社に納入されます。

過酷な気象条件や最悪の事態を想定してテストは行われる

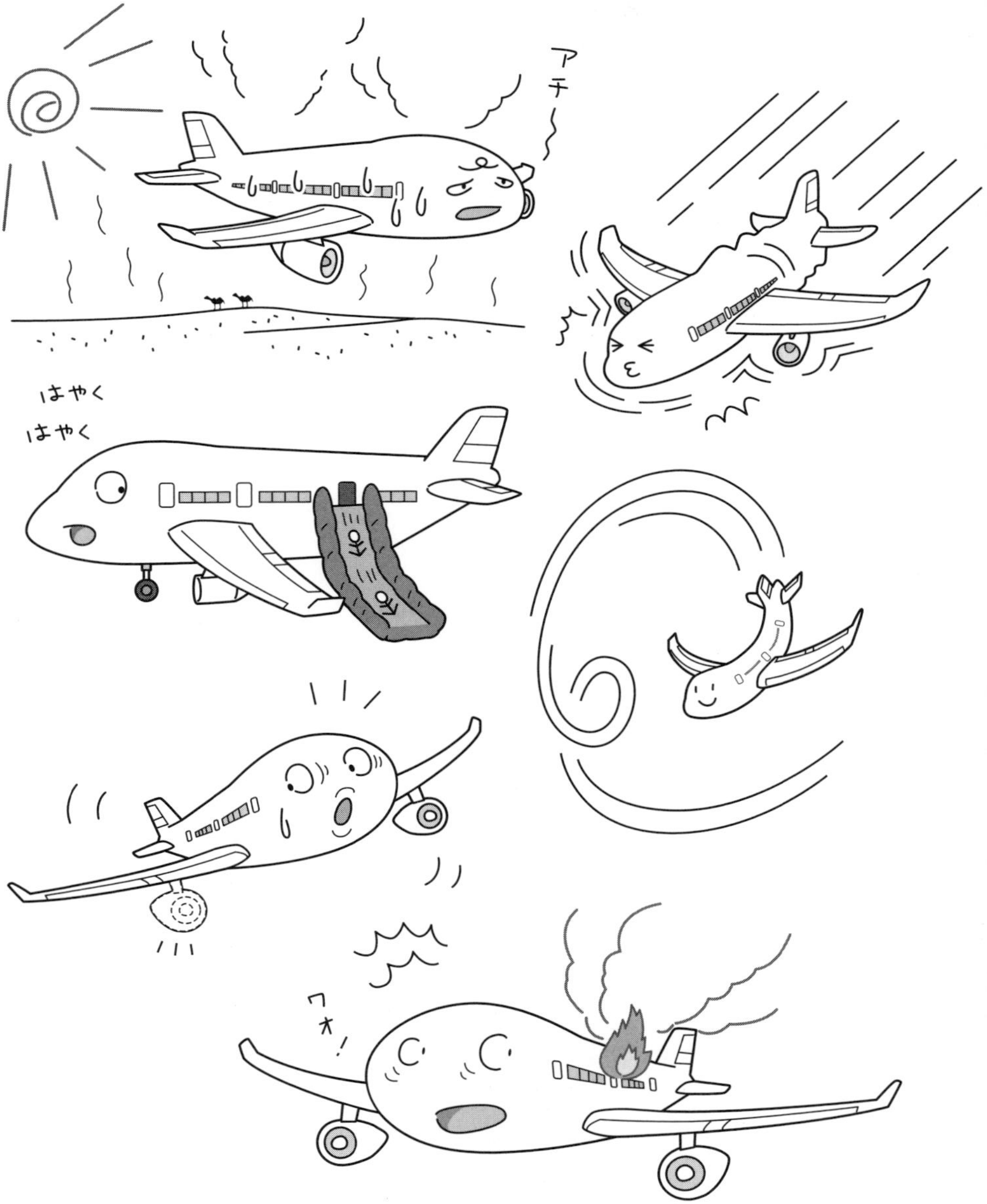

旅客機の生産工程――受注から納品

受注・設計から確認試験と型式証明まで

航空機メーカーは長期需要予測に基づいて、旅客機の大きさ、航続距離、座席数など基本的なコンセプトを決め、世界中の航空会社に提示、受注します。旅客機の場合、受注と開発は平行して行われます。

新しい旅客機の開発に当たっては、部品の段階から各種試験が行われて、データが集められます。その後、試作機による試験を経て、製造されます。

最終的には全機による確認試験があり、型式証明が交付されます。これらの検査は、米国では連邦航空局（FAA）、日本では国土交通省航空局が行います。

部品の製作

大型旅客機の部品数は、機種にもよりますが、総数400〜600万点もあります。これらの部品すべてを航空機メーカーであるボーイング社やエアバス社が製造しているわけではありません。世界中の部品メーカーとのパートナーシップによって分業体制がとられています。

B787の場合、機体製造とエンジン製造に分けて国際的な企業によるチームが作られています。

機体製造を担当する構造チームは、米国、日本、イタリア、カナダやオーストラリアの企業が参加しています。日本からは三菱重工業、川崎重工業、富士重工業が参加、その構造部品の割合は全体の3分の1を超えるといわれています。ボーイング社が自社で作る部品は約38パーセントです。

エアバス社のA380の開発・製造にも多くの日本企業が参加しています。三菱重工業や川崎重工業を含めて10社以上の日本企業が関係しています。

組み立て・艤装、検査を経て納品へ

パートナー企業によって製造された部品は、ボーイング社、エアバス社などの航空機メーカーに集められます。航空機メーカーは、各社から送られてきた部品を最終的に組み立て、完成後に各国の航空会社に納品します。

航空機メーカーも自動車会社と同じように開発全体を指揮しますが、製造という観点からは最終組み立て段階を担当するだけといえます。

受注から納品までの流れ

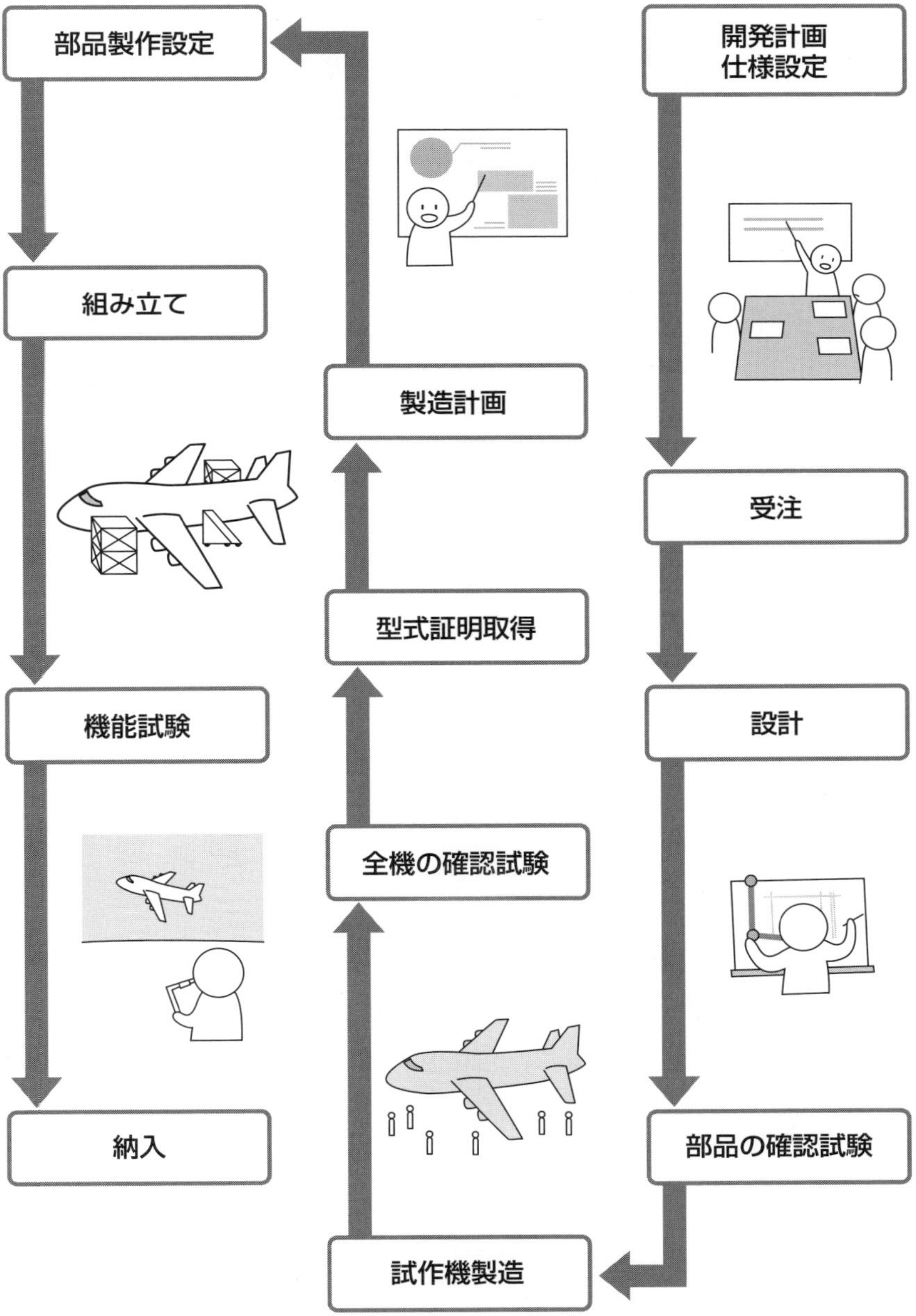

10

塗装と洗浄

塗装によってサビ止めとPR

飛行機の塗装の目的は、第一に機体のサビ止め、第二に、美観や会社のイメージをよくする、つまりPRです。機体外側の塗装には、ポリウレタンのペイントが主流になっています。腐食防止のためにペイントを塗る前に緑色のプライマー（下塗）で塗装を施します。

飛行機は1万mの上空を飛行するため、塗料の寿命は地上に比べて短く4～5年ほどです。したがって、この間隔で塗り直します。塗り直し作業は、すでにある塗装を剥がすことからするため、時間がかかります。旅客機の重整備という定期整備が4年から4年半に一度行われるので、このタイミングで塗装作業を行うのが普通です。塗装作業には1週間から10日間くらいの日程を組んでいます。

日本航空のB747で塗装に使われるペンキは約1200リットル、重さにして1・2トンにもなります。塗装の厚みは意外に薄く、10分の1ミリ程度です。実際にはペイントが乾くとシンナー部分が蒸発するため

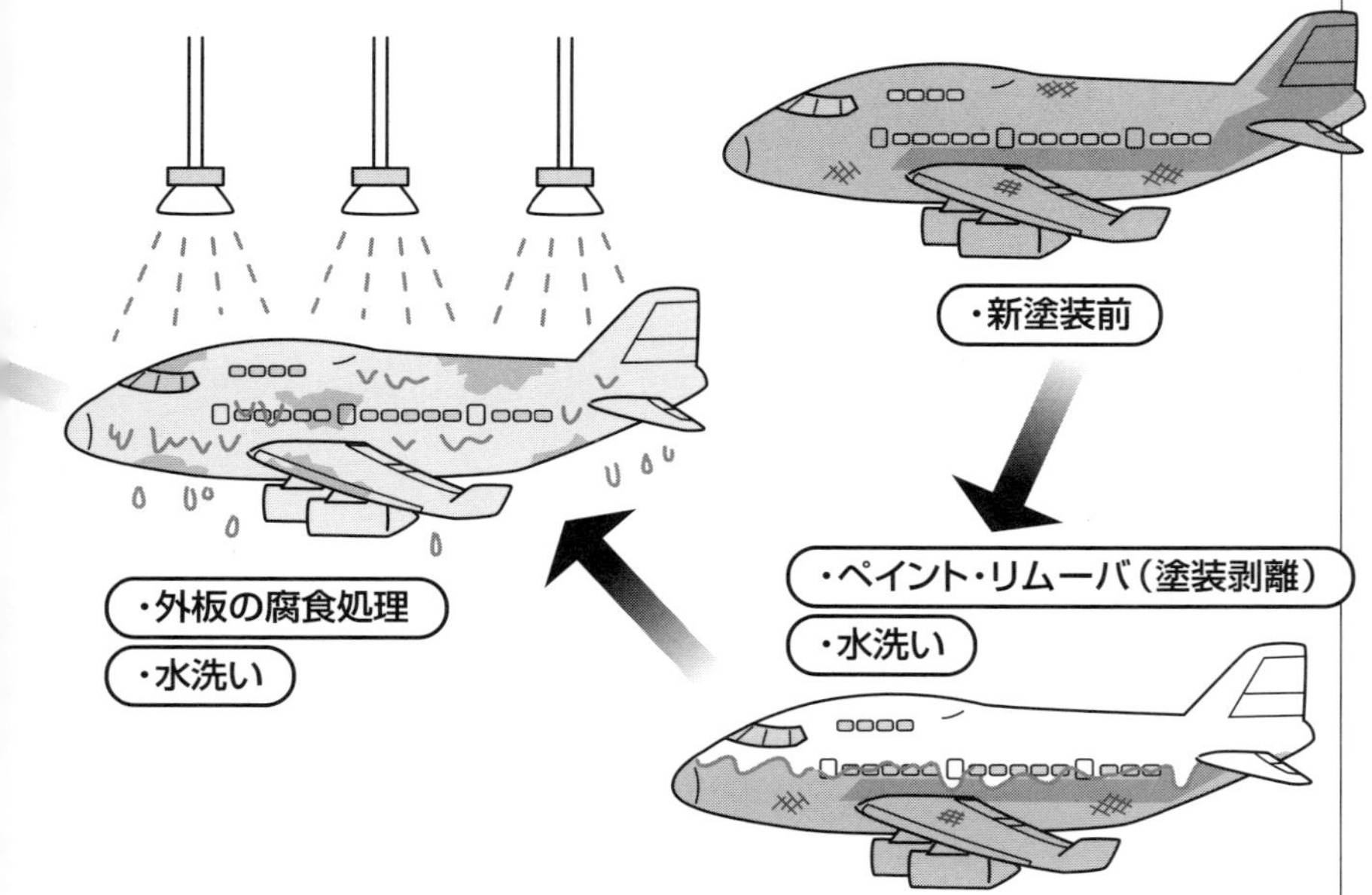

に3分の1の重量になるようです。ちなみに塗装面積は2500平方メートルです。

洗浄で燃料消費を抑える

空気中にはチリやホコリがあり、これが飛行機に付着すると重量が増え、空気抵抗が増えます。その結果、消費燃料も増えます。旅客機の場合、美しさを保ち、乗客に悪いイメージを与えないということも重要です。

そのため、旅客機は、月に1回丸洗いをします。日本の航空会社には、コンピュータ制御の自動洗浄機を導入しているところもありますが、飛行機の形はさまざまなため、特定の機種しか利用できません。ですから旅客機の洗浄は、ほとんどが手洗いです。高圧スプレーで水を出し、ブラシに洗剤をつけて洗います。ジャンボ機だと20人で4時間かけて行います。使用する水の量は、1回で20トンです。

旅客機の機首部分や、主翼・尾翼の前縁、エンジン周りは特に汚れやすいため月1回の丸洗い以外に部分的な洗浄も行います。フライト数の多い国内便の飛行機は、毎週部分洗浄を行っています。

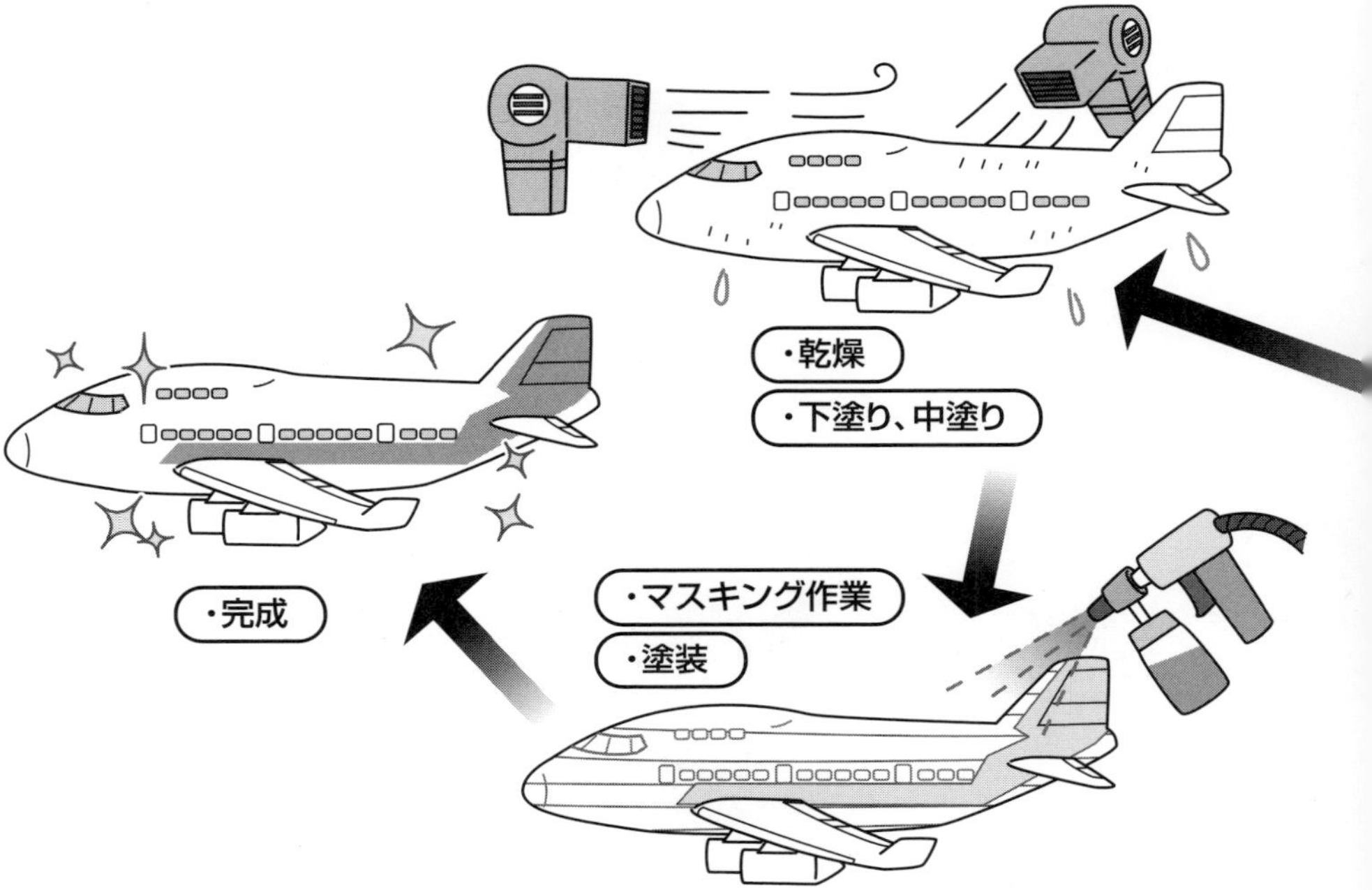

11

飛行機の墓場

旅客機の寿命は、20年で設計されています。総飛行時間で6万時間、2万サイクル（離着陸回数）です。これらは、主要構造に大幅な修理や改造を加えない場合の計算です。

製造から20年を超えた旅客機を「経年機」といいますが、米国の航空会社の所有機の4割が20年以上に達しているといわれています。

日本航空でも総飛行時間10万時間、3万サイクル以上の旅客機もあります。旅客機は、整備の都度部品の交換や修理、改造を行っているため、長期にわたって活躍することができるのです。

20年以上経った旅客機はエンジンを含めてほとんどが取り替えられたもので、製造時の部品を探すのが難しいとさえいわれます。つまり、旅客機の実際の寿命は、機体構造の設計目標である20年よりも長く、経済的要因で決まるといえます。

そのために、日頃の整備を積み重ねて旅客機の老化を防ぎ、寿命を伸ばすよう努力しているのです。

再利用できる部品を外したら「お墓」へ

旅客機は、旅客の輸送という使命を終えた後、貨物機に改造され、新たな役割を与えられることもあります。その後、飛行機として運航できなくなったとき、スクラップされ、使える部品はリユース・リサイクルされます。

運航から外れ、中古機として販売するかスクラップにするか未定の飛行機は、空港に置かれるわけですが、その場合、空港使用料（駐機料）が安いところに置かれます。米国の砂漠の中には、こうした空港があり、たくさんの飛行機がその「判決」を待っています。カルフォルニア州『モハビ』『ビクタービル』、アリゾナ州『キングマン』『フェニックス・グッドイヤー』『マラナ・エアパーク』などの空港です。

アリゾナ州には「ツーソン・ポート」と呼ばれる「飛行機の墓場」があります。使用できる部品を外され、二度と飛ぶことはない飛行機が眠っています。部品が外され転倒防止のために重石が取りつけられています。その数は、１０００機ともいわれています。

砂漠には、使える部品を外された飛行機が置かれている

COLUMN

エコノミークラスの特別席って？

飛行機に乗るときに、窓側にするか通路側にするか、人によって好みもさまざまです。例えば、主翼に近いところはエンジン音がうるさいが、主翼による安定感から揺れがすくないという利点があります。

さて、エコノミークラスにも足元が広い特別席があるのを知っていますか？

バルクヘッド

一つは、前が壁やスクリーンになっている席です。この座席は、「バルクヘッド（bulkhead）」と呼ばれています。赤ん坊のゆりかごが装着できるようになっていることから、赤ちゃんや小さな子供連れの乗客に優先的に割り当てられることが多いようです。

エグジット・ロウ

もうひとつは、「エグジット・ロウ（exit row）」と呼ばれる席です。呼び名からわかるように、非常口の前の座席のことです。前は通路になっており、向い側にキャビンアテンダントが座る、まさに特別席です。

非常用の出入り口のため広いスペースが取られています。この席は、いざという時に客室乗務員の指示に従い、乗客の避難誘導を手伝うことが求められています。そのため、誰でも座れるわけではありません。18歳未満の子供や身体障害者は座れないことになっています。また、国際線では英語力も求められるかもしれません。

乗客の搭乗時には前を人が通りますから落ち着かないかもしれません。この席に座った乗客には、非常の場合に、「客室常務員が非常口を完全に開放するまでの間、乗客を制止し、脱出シートで後から下りてくる乗客をサポートし、また脱出後の乗客を機体から離れるように指示・誘導する」などの行動が求められます。

あなたは、特別席を希望しますか？

6章

飛行機が飛ぶための装備とシステム

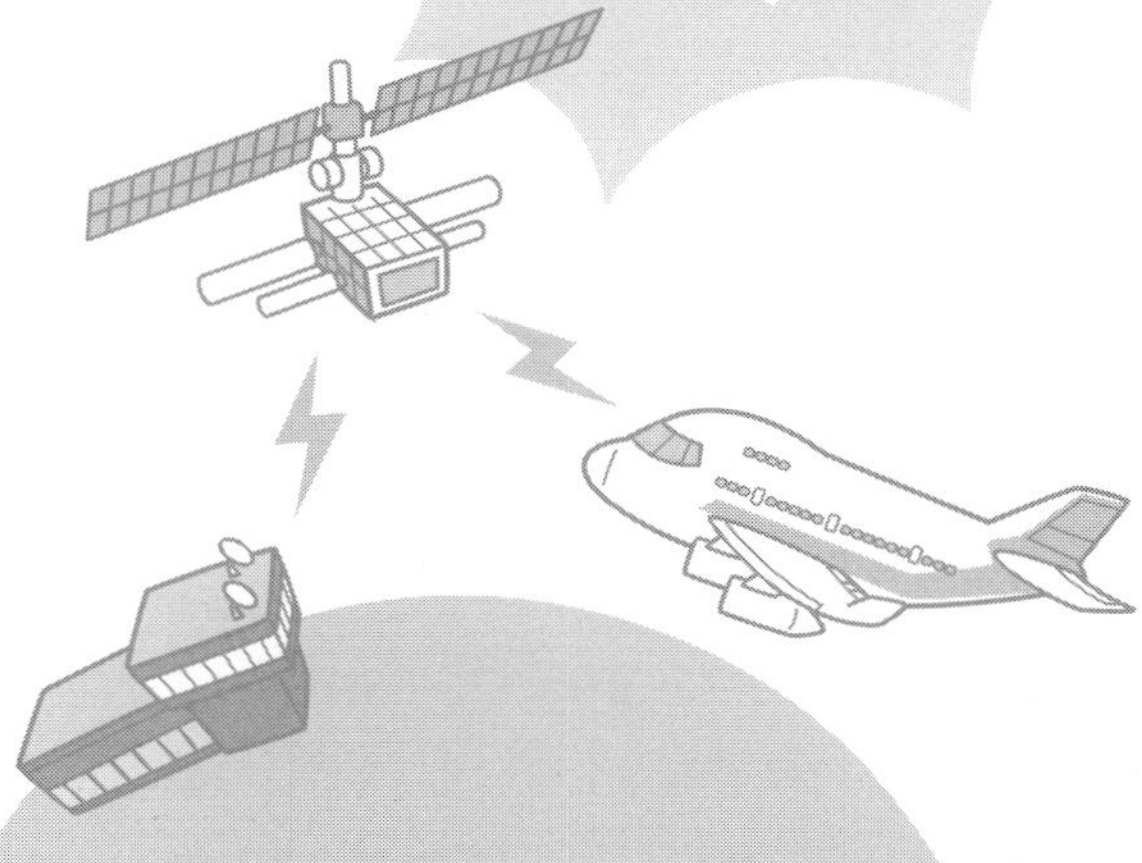

コクピットの航空計器

数百にもおよぶコクピットの計器

飛行機には多くの計器が装備されています。大型旅客機のコクピットには、計器、スイッチ類、ランプ・表示灯類がそれぞれ100個、レバー類が数十個あります。装備される航空計器は航空機の種類や大きさ、用途によって少しずつ異なります。コクピットにある航空計器は主として次の5つに分類できます。

①基本飛行計器（高度計、対気速度計、磁気コンパス等）

②基本エンジン計器（エンジン回転計、燃料量計、潤滑油量計、潤滑油温計、潤滑油圧力計等）

③飛行計器（昇降計、旋回傾斜計、人工水平儀、偏流計、対気温度計等）

④エンジン計器（圧力比計、気化器温度計、ジェットバイブ温度計、エンジン振動計、エンジン回転同調計等）

⑤航法計器（ラジオコンパス、コース偏位指示計、マーカービーコン通過指示灯等）

乗員の負担を軽減する新型計器

こうした多くの計器を瞬時に見て判断するパイロットには大きな負担がかかります。新鋭機では、計器類の中でそのときに必要なものだけを映し出すことで乗員の負担を軽くすることができるようになりました。

それが「CRT／LCD計器」といわれる集計器です。これは、多くの計器をひとつにまとめて画像に映し出してみるものです。これには3つの機能があります。

①現在地・飛行コース・地上無線局の位置・気象レーダーなどを映し出す「ナビゲーション・ディスプレイ」

②機体の姿勢・高度・速度などを映し出す「プライマリー・フライト・ディスプレイ」

③エンジン・燃料・電気・油圧・タイヤ・エアコンなどの状態を示す「アイキャス」

IT技術の進歩によって集計器が登場しました。そのおかげでコクピットでの業務が軽減されました。航空機関士が不要になり、コクピットは従来の3人体制から、機長と副操縦士の2人体制が普通になっています。新しい旅客機のコクピットには計器類が少なくなり、すっきりしたものに変わりました。

そのときに必要なものだけを映し出す新鋭機の航空計器

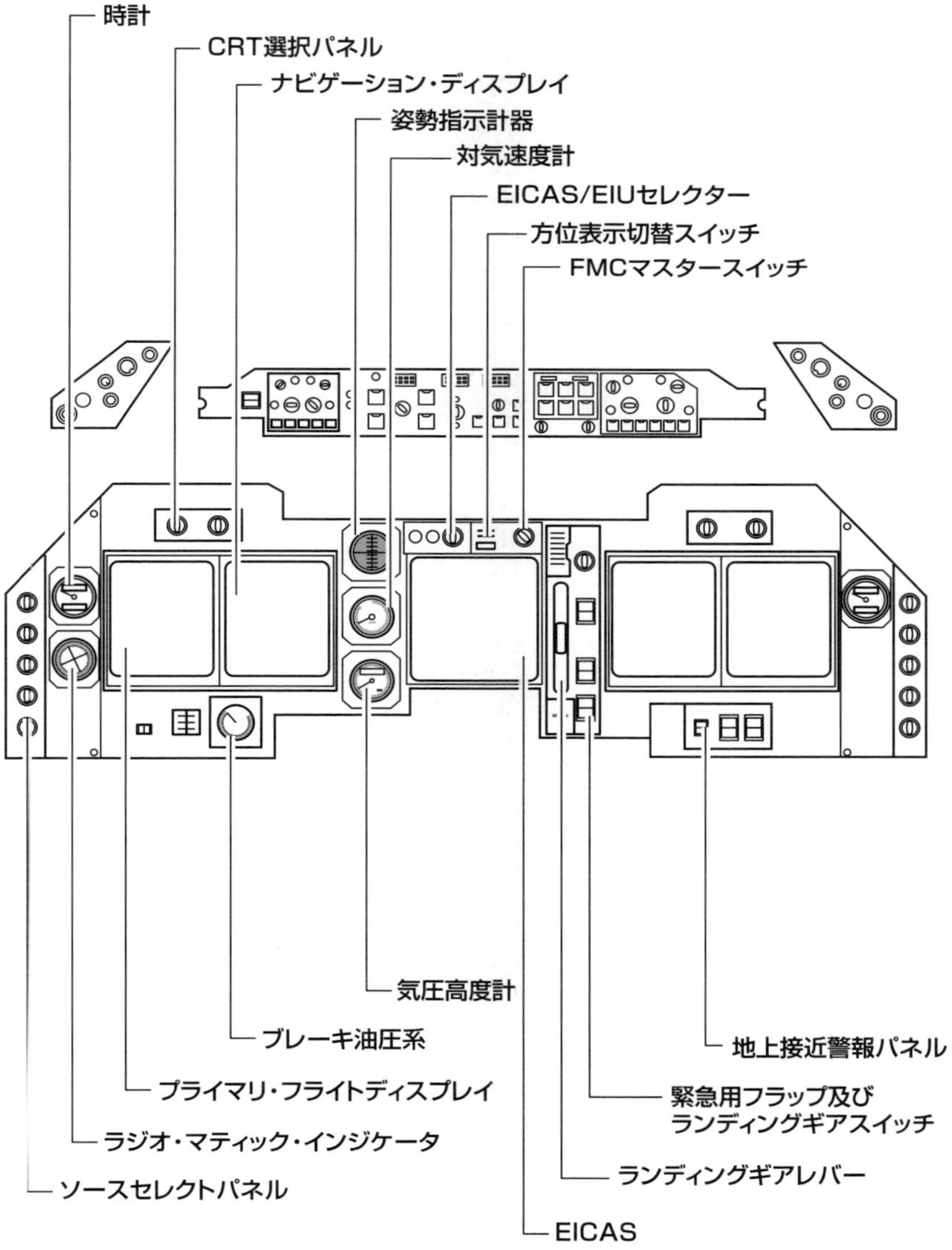

航法システム

飛行機は正しく目的地まで飛行するために、現在位置や目的地までの距離、方向を測定して、その結果に基づいて飛行します。この方法を航法といいます。

航法は、航空機の発達とともに地文航法、推測航法、天測航法と発達し、さらに、無線航法や慣性航法が採用され、航空機の位置や目的地までの距離などをより正確に知ることができるようになりました。

航法のいろいろ

航法には地文航法、推測航法、天測航法、無線航法、グリッド航法、ドップラー航法、慣性航法、オメガ航法——などがあります。現在の主流は慣性航法で、さらに、GPSを使った全地球航法システムが実用化に向けて開発されつつあります。

慣性航法システム

加速度を積分することで、速度や移動した距離を求められます。その加速度（慣性）を利用した航法が「慣性航法システム（INS-Inertial Navigation System）」という航法です。ジャイロや、最近ではそれに代わる光学式リングレーザー・ジャイロを使用して航空機を重力に対して常に平衡状態を保ち、これに加速計で検出した加速度をコンピューターで計算して正確な速度、位置、進行方向などを計算して飛行する方法です。ボーイング社のB767やエアバス社A310以降に開発された航空機では、光学式リングレーザー・ジャイロを使用したセンターを直接機体に取りつけ、従来の機械式水平版にあたるものを、コンピューターの計算で求めます。この方式を慣性基準システム（IRS）といいます。

全地球航法システム

米国の高精度航空衛星を利用して航空機の正確な位置と時間を計算するシステムが、「全地球航法システム（GPS-Global Positioning System）」です。米国防総省が中心になって開発したもので、GPS利用で離陸から着陸まで単一の航法援助装置で飛行できるというものです。研究、開発が進められていて、将来はGPSを使った離着陸システムも利用可能になる見通しです。

GPSによる航法システムのしくみ

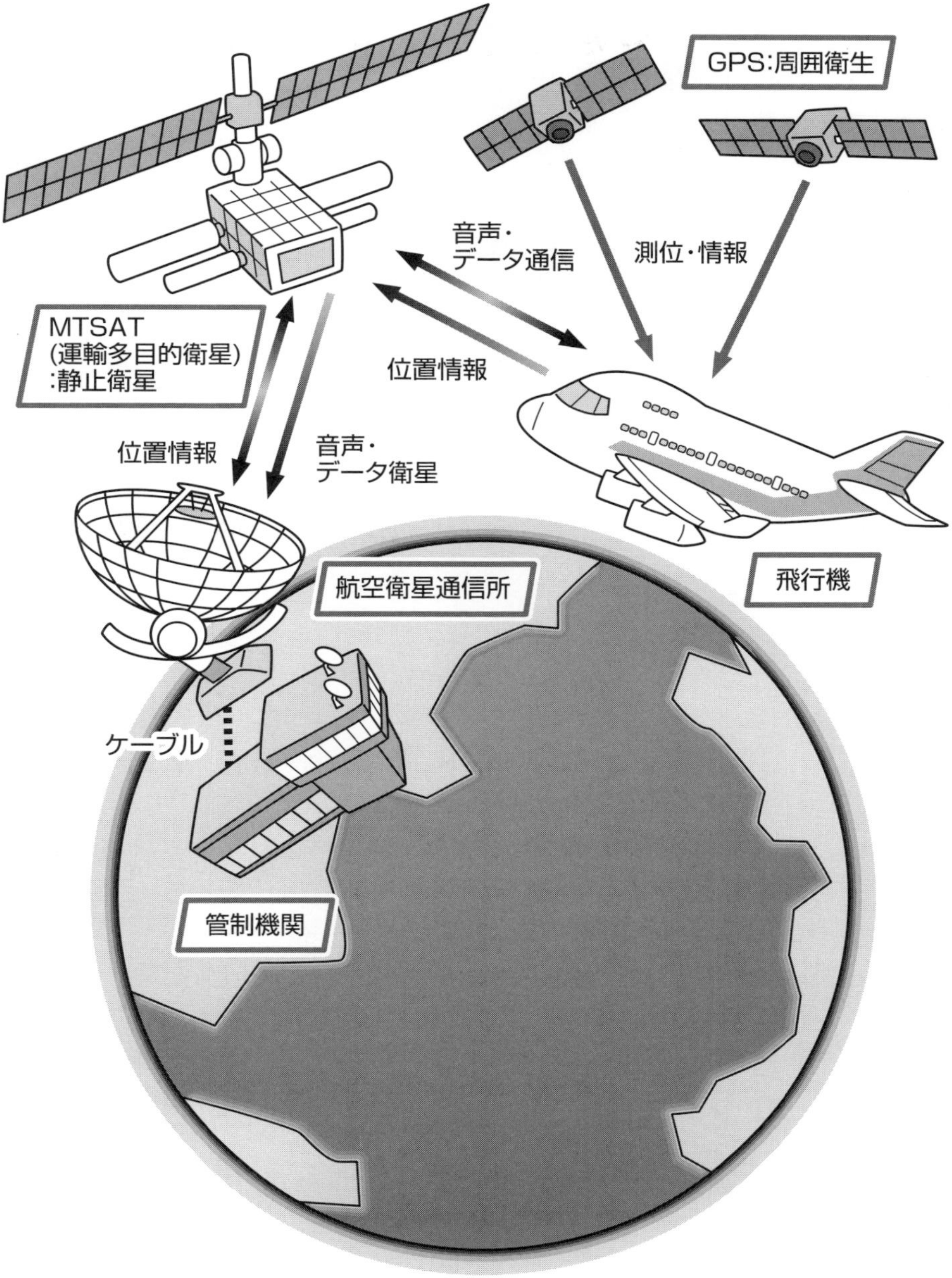

03

操縦システム1

旅客機はパイロットの負担軽減、操縦操作の簡易化、安全性向上を目的に、自動飛行システムが採用されています。これは、自動操縦システムを航法システム、計器着陸システムおよび自動推力調整システムと合わせて、飛行を自動制御するシステム全体を指すものです。

自動操縦システムとは

開発された当初は、飛行中に機体の姿勢を自動的に安定させて一定方向に飛行させるのが目的でしたが、新しい旅客機は、フライト・マネージメント・システムと組み合わせることで、前もってプログラムされた目的地までのコースを自動操縦で飛行することができるようになっています。

自動推力調整システムとは

プログラムされた速度を保持するよう、エンジンのパワーレバーを自動的に動かして、推力を調整するシステムです。

自動着陸システムとは

滑走路への自動進入から設置操作まで自動で行えるようにしたもので、自動操縦システムの一部です。自動着陸は、計器着陸システム、自動操縦システム、自動推力調整システム、電波高度計などが密接に結びついて作動することによって実現します。

着陸最終段階に電波高度計が50ｍになると、自動的に機首上げ姿勢になり、自動推力調整システムが推力を自動的に絞り飛行機をゆっくり滑走路上に接地させます。

フライト・マネージメント・システム（FMS）とは

現代の旅客機は、航法、操縦、推力調整、誘導などをすべて自動的に管理するシステムが採用されています。これをフライト・マネージメント・システム（ＦＭＳ）といいます。従来のシステムはパーフォーマンス・マネジメント・システム（ＰＭＳ）といって、コンピュータが飛行条件に応じて最適な燃料効率を計算し、航空機を自動的にコントロールするというものでした。ＦＭＳは自動操縦・自動推力調整・自動着陸システムを包含し、さらにＰＭＳの機能を充実させて、離陸から着陸までの全飛行領域をカバーするようにしたものです。

プログラムされたルートに従って自動飛行する

操縦システム2

パイロットが操縦席で操縦桿やペダルを操作すると、その動きが伝達装置によって伝えられます。

例えば、操縦桿を引くと、機首が上を向きます。これは「操縦桿を引く」という動作が伝達装置を経由して水平尾翼に伝えられ、昇降舵を動かしたのです。

飛行機の大型化によって「油圧式作動機構」へ移行

従来はパイロットが操作する操縦桿やペダルの動きはケーブルやロッドなどの機械的な装置で伝えられていましたが、飛行機の大型化にともなって、人力による操縦装置では重くて動かせなくなり、翼面を動かす部分に油圧を用いる方法が取られるようになりました。油圧式は、パイロットの操縦操作を油圧ポンプで圧縮された油を使って油圧作動機構（アクチュエータと制御弁が一体となったもの）に伝え、翼面を動かします。今日の旅客機では、操縦伝達を従来のケーブルやロッドに代わって電線や光ケーブルを使うようになりました。

操縦動作をアクチュエータに伝達する部分を電気信号によって行う方式を「フライバイワイヤ」といいます。また、これを光ケーブルによって伝達するものを「フライバイライト」といいます。

「フライバイワイヤ」と「フライバイライト」

パイロットの操縦操作を電気信号に変換し、ワイヤを介してコンピュータに伝え、コンピュータの算出結果を電線によって油圧サーボアクチュエータに伝えて操舵する方法をフライバイワイヤと呼びます。

もともとは軍用機用に開発されたものですが、この技術を用いることでケーブルやロッドなどの複雑な機構がいらなくなるため、機体の構造が簡素化され、重量も軽くなります。また、整備にかかる負担も減るなどの理由から民間の旅客機にも導入されるようになり、現在、旅客機のほとんどに採用されています。

フライバイワイヤが電線を使ったのに対して、光ケーブルによって操縦操作を伝達するものをフライバイライトといいます。電線に比べて電磁干渉による不具合を回避できます。また、小型軽量化が容易、防火性に優れているなどの特徴をもっています。

操縦を伝達するしくみ

人力式操縦装置

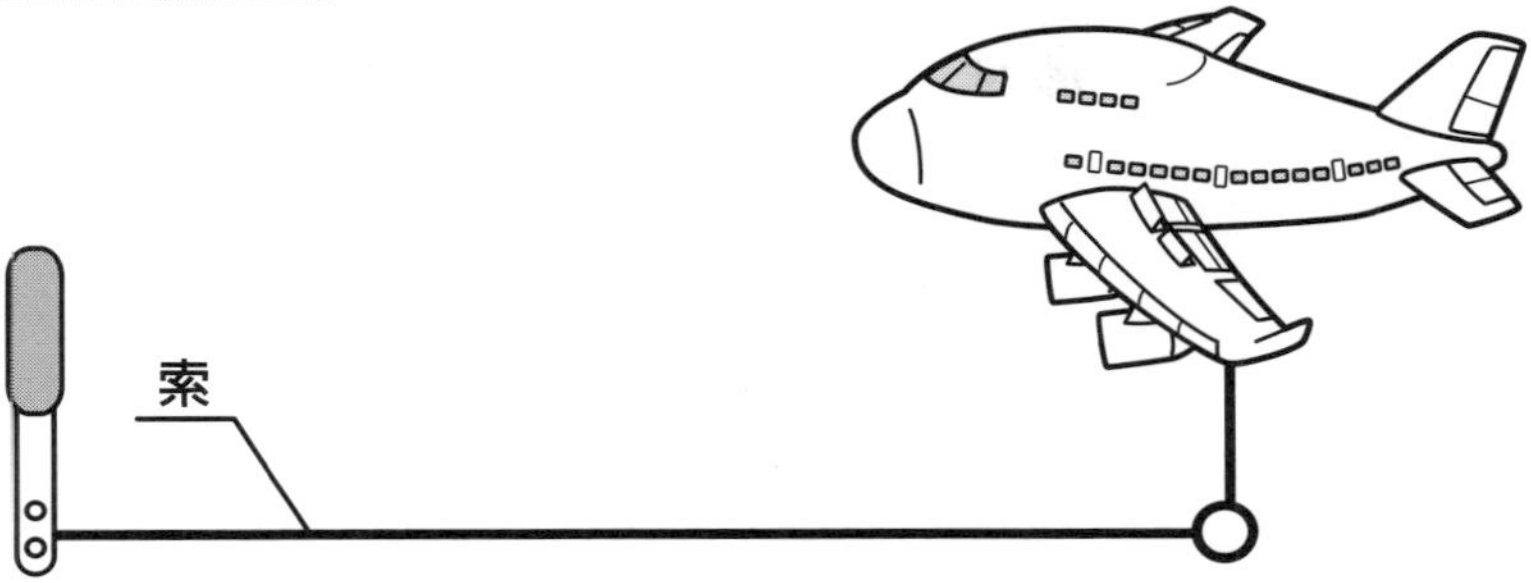

油圧式操縦システム

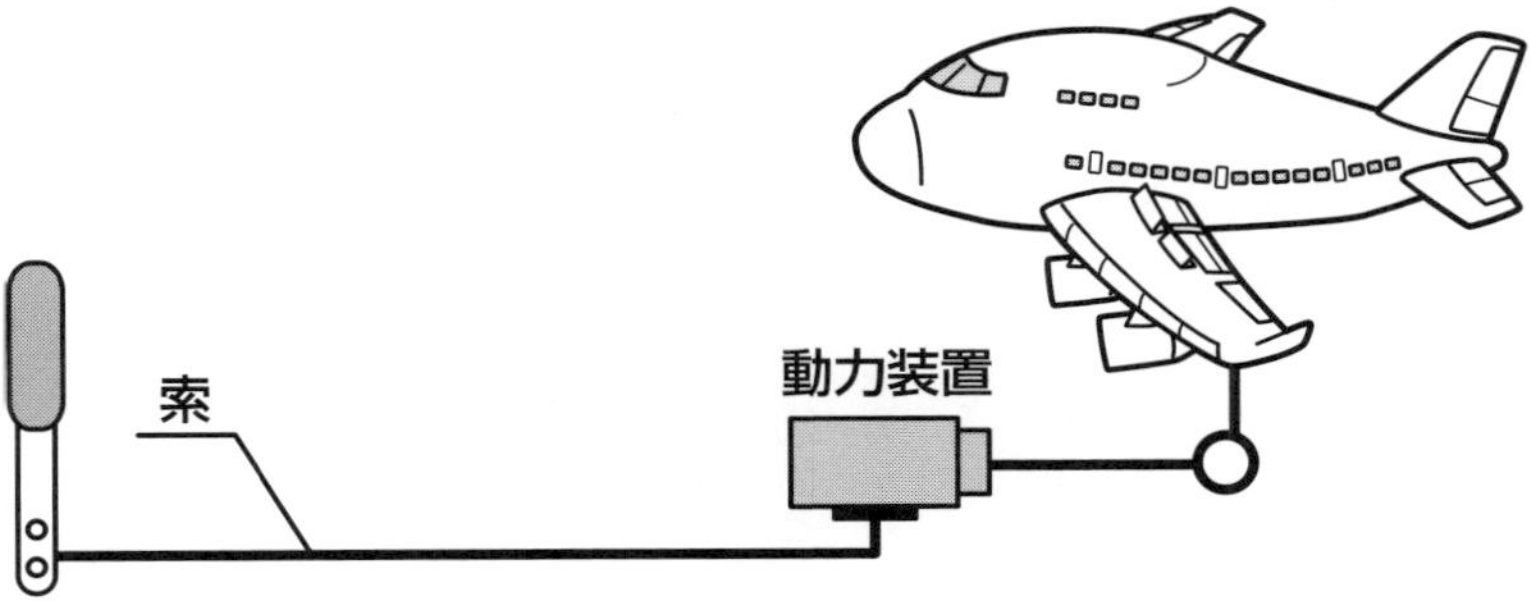

フライバイワイヤ操縦システム

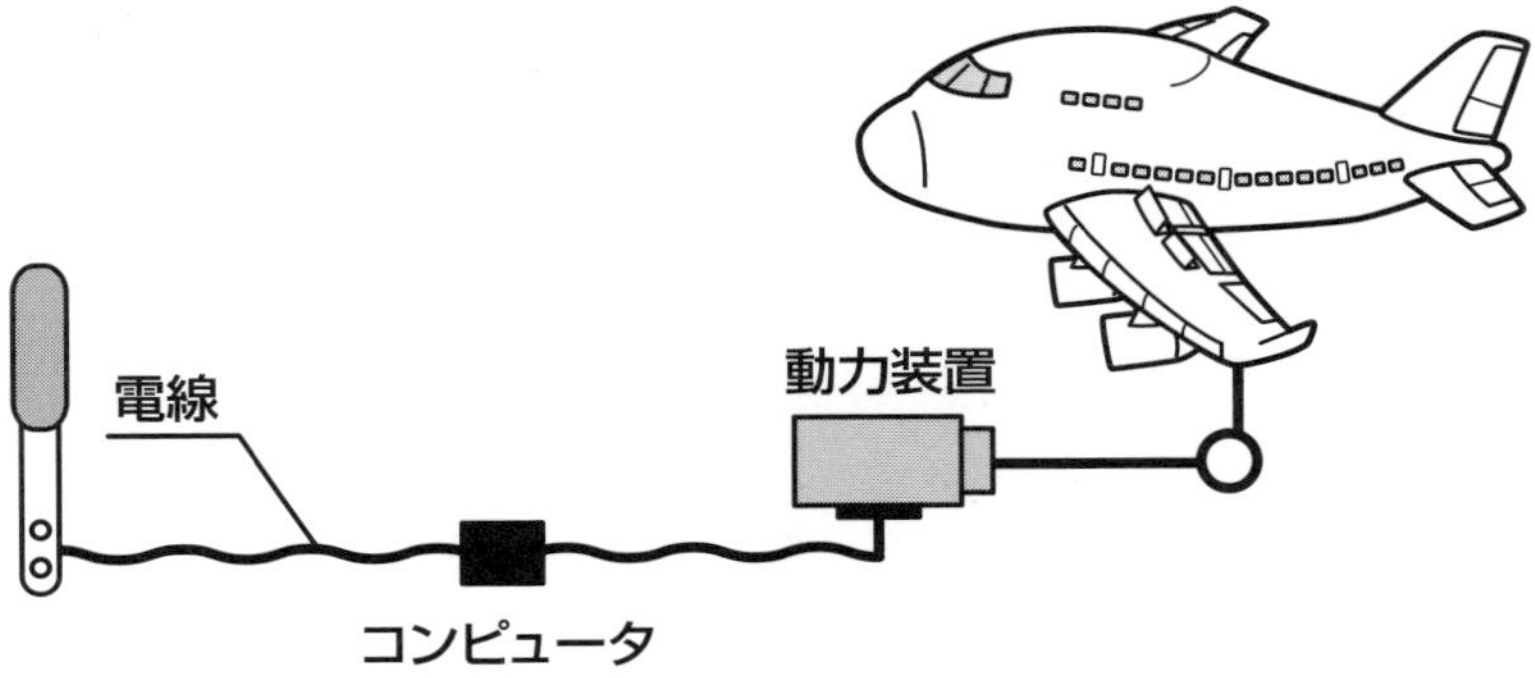

油圧システム

飛行機の脚の上げ下げやフラップ、補助翼、昇降舵、方向舵などは油圧によって動くしくみになっています。これが油圧システムとよばれるものです。パイロットがコクピットで行う操縦動作情報が作動油の圧力エネルギーで増幅され、昇降舵や方向舵を動かします。

つまり、高圧の油を用いることで、大きな機体の重い操縦舵面を操作できるようにしたものです。

自動車のパワーステアリングと同じ原理です。

小さな力で大きな力を発揮する油圧システム

油圧システムの原理は、「密閉された容器内の静止している流体に圧力を加えると、その圧力は同じ強さで、流体のどの部分にも伝わる」というパスカルの原理を応用したものです。パスカルの原理を利用することで、小さな力で大きな力を発揮することができます。

現代の旅客機では、油圧ポンプを使って、油圧システムの作動油を高圧にしています。エンジンの駆動によって油圧ポンプが作動し、その圧力で機器がコントロールされます。油圧ポンプにはエンジン駆動のほかに電気駆動のものもあります。油圧ポンプには、ギアポンプ、ベーンポンプ、ピストンポンプなどが使われます。

作動油はリザーバという場所にいったん貯蔵されます。油圧ポンプはリザーバから作動油を汲みだし、加熱し、パイプに送り出します。作動油は、アキュムレータ（蓄圧器）に貯蔵されます。その後、作動油はパイプを通ってアクチュエータへ移動します。このアクチュエータが油圧によって機器を作動させます。アクチュエータは作動筒といわれるもので、作動油の圧力エネルギーを機械的な力または運動に変換するもので、シリンダーとピストンからなっています。パイプにはバルブが設けられ作動油の流れを制御する役目を果たしています。

油圧はｐｓｉ（Pound per Square Inch、面積1平方インチ当りのポンド圧力）という単位で表されます。旅客機の油圧は、３０００ｐｓｉ（≒２００kg／cm²）程度です。油圧を大きくすると油圧システムを小さくできることから、現在は８０００ｐｓｉに耐えられる油圧システムを開発中です。

油圧システムのしくみ

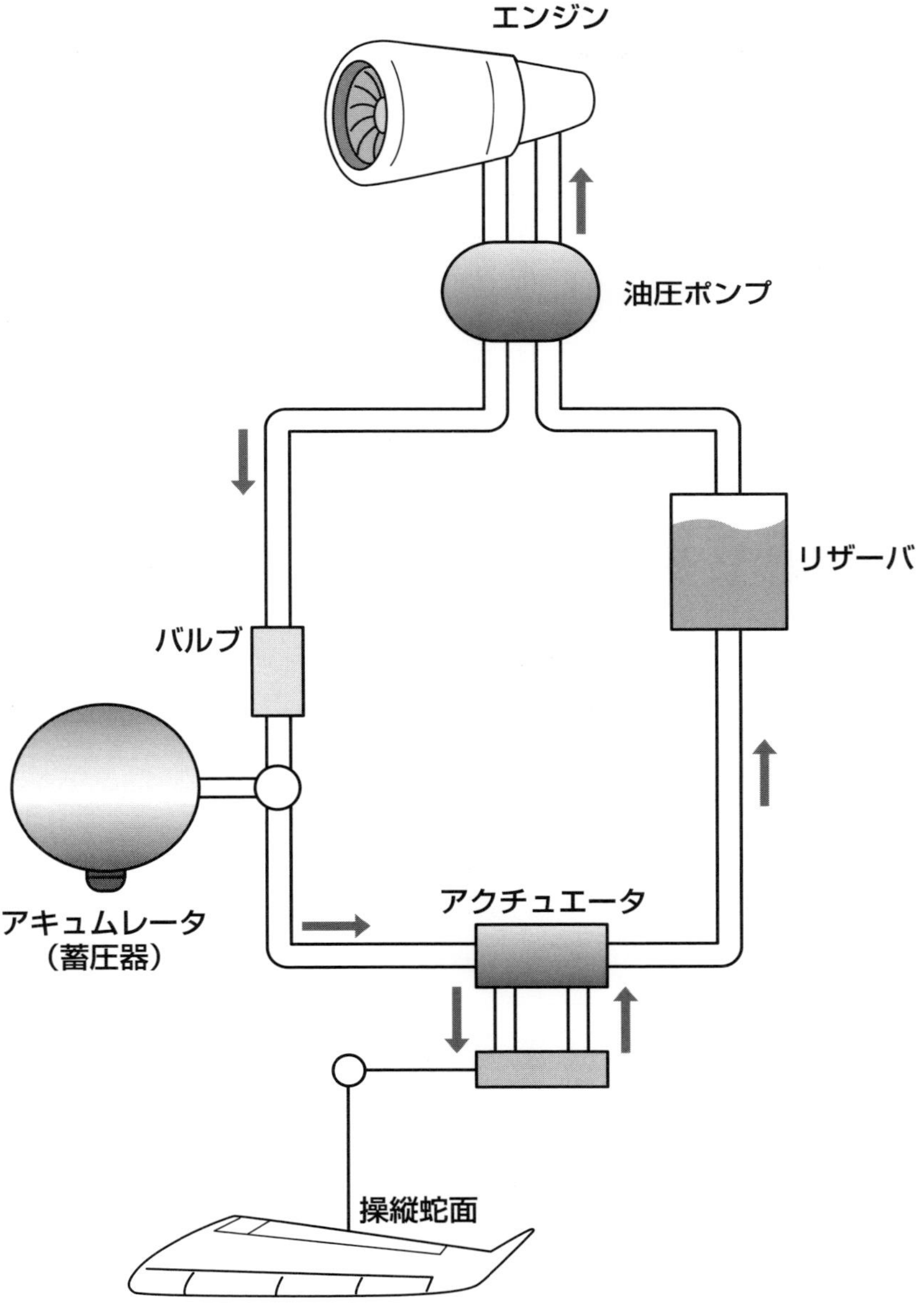

エンジン
油圧ポンプ
リザーバ
バルブ
アキュムレータ
（蓄圧器）
アクチュエータ
操縦舵面

06

空気圧システム

空気圧システムとは、空気調整システムとも呼ばれ、機内の換気、冷暖房、与圧装置およびその制御装置を指します。具体的には換気、湿度、温度、与圧の4つをコントロールします。「客室与圧調整システム」と「冷暖房システム」からなります。

与圧と客室与圧調整システム

与圧とは、機内をある一定の気圧に保つことです。このシステムは、高高度を飛行する機内の気圧を一定に保つことで乗客、乗員を気圧変化から守り、安全性と快適性を確保するものです。巡航高度1万mでの気圧はおよそ高度2000mと同程度、これは富士山の5合目くらいの高い気圧です。

密閉された機内にエンジンや補助動力装置から空気を送り込みます。送り込まれる空気をブリードエア（抽気）といいます。ブリードエアは高温、高圧なため、外気とブレンドされた後、冷暖房用空気などの通路となる導管を通って、客室内に導かれます。

与圧を行った後の空気は、機体前方と後方にあるアウトフローバルブ（圧力調整弁）を通じて機外に放出されます。このアウトフローバルブによって機内の圧力が調整されているわけです。機体内の空気圧は常に外気圧より高く保たれています。飛行機の機体はふくらみには強く、その逆には弱い構造になっているためです。

冷暖房システム

旅客機の冷暖房にもブリードエアを使います。エンジンから供給されたブリードエアは高温高圧のため、フローコントロールバルブ（流量調整弁）で流量を調節した後、エアサイクルユニット（温度調整装置）で温度調節をして、さらに、ウォーターセパレータ（水分除去装置）で除湿して客室内に送り込まれます。

このため、客室内の空気は乾燥しているのが普通です。一般に巡航高度の客室内の温度は摂氏25度、湿度20%といわれますが、実際にはもっと乾燥しているようです。客室内の空気は3～4分ごとに入れ替えられています。循環して床下を通ってから、後方の圧力調整弁から機外に排出されます。

空気圧システムのしくみ

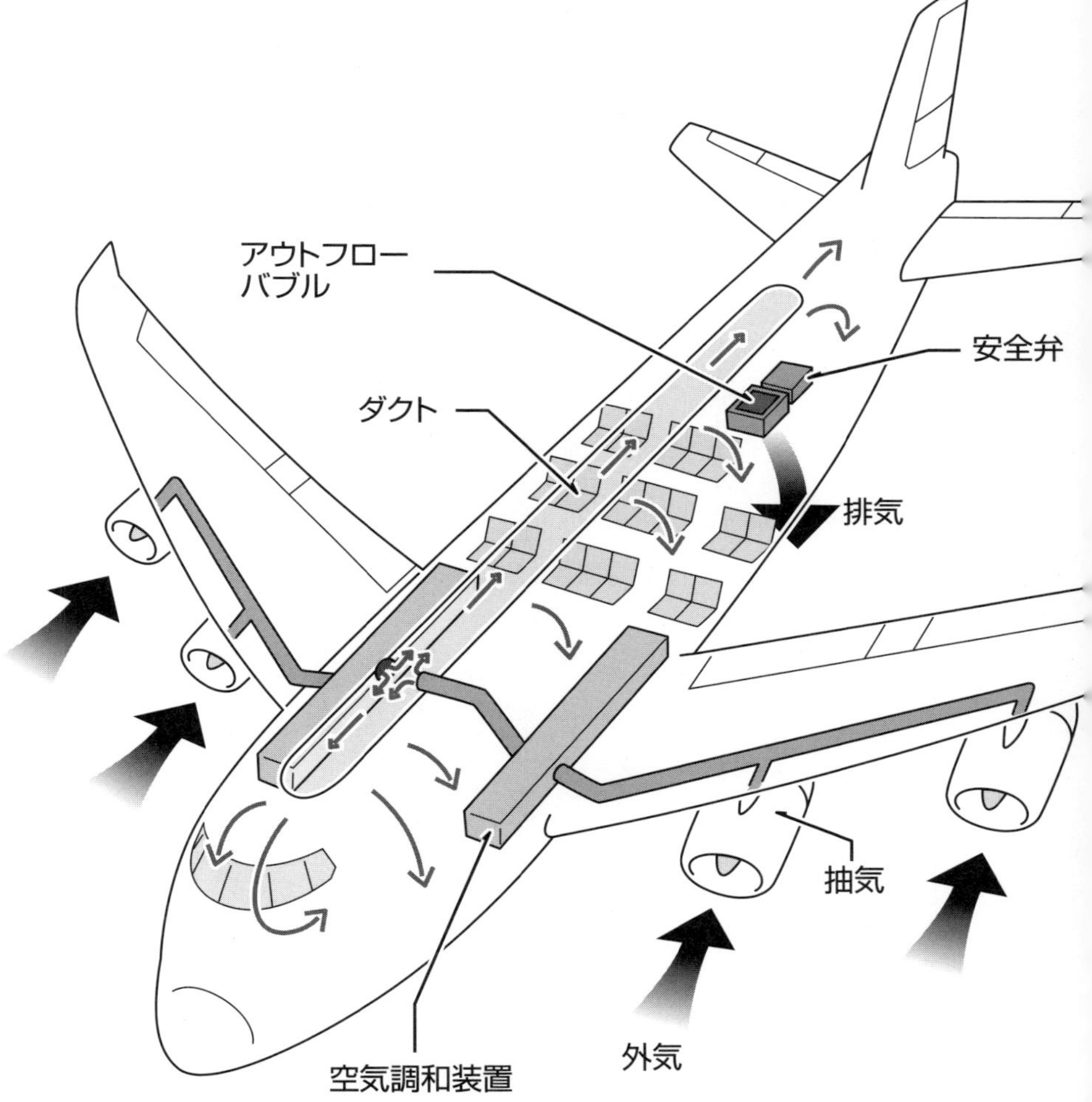

07

燃料システム

旅客機の燃料システムは、燃料タンク、燃料補給システム、燃料供給システム、燃料放出システム、燃料ベントシステムと指示計器装置から構成されています。

ジェット旅客機の燃料には、灯油と同じ成分ですが水分の少ないケロシンが使われます。高度1万mを飛行する旅客機では、燃料の中に含まれる水分が凍ってしまうため、水分の少ないケロシンが使われるのです。それでも、搭載した燃料の水分が凝結してフィルタで詰まることを防ぐために、エンジンのファンや高温の潤滑油と熱交換を行うなどの方法で暖めて、摂氏10度程度に保たれています。

燃料タンク

燃料を貯蔵する燃料タンクは、大部分が主翼の中にあります。インテグラル・タンクとセル・タンクがあります。

インテグラル・タンクは機体構造物それ自体が容器となったものです。大型旅客機はほとんどがこのタイプです。セル・タンクは主翼や胴体内に合成ゴム製の容器を収納してタンクとしたもので、小型機に多く使われています。

燃料補給システム

外部からタンクへ燃料を補給するシステムには、動力補給式と圧力式補給の2種類があります。

圧力式補給は、燃料に圧力をかけて補給弁を通じて各タンクに分配することで短時間に燃料を補給することができます。大型旅客機でも15～30分でタンクを一杯に満たせます。燃料供給システムタンクからエンジンへ燃料を供給するシステムです。タンク内の昇圧ポンプによって、どのタンクからでもエンジンに供給できるようになっています。

ほかにも、非常の場合に燃料を機外に放出する「燃料放出システム」や、燃料タンク内の液面圧力と外気圧を等しくするための「燃料ベントシステム」があります。

燃料放出システムは、着陸重量になるまで、大型旅客機でも、15分以内に燃料を放出できる放出管を備えています。

ハイドランド式給油システム

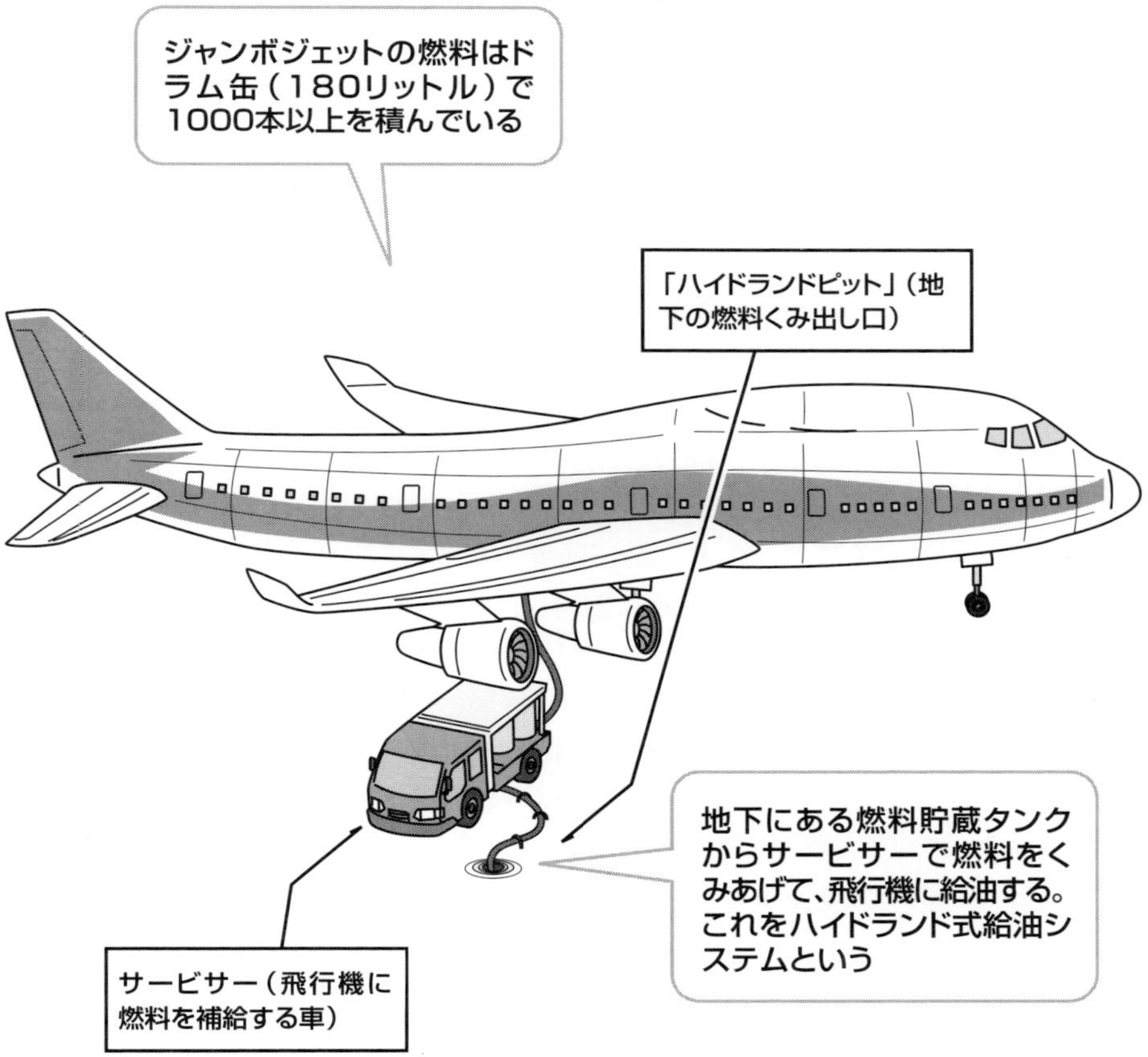
ジャンボジェットの燃料はドラム缶（180リットル）で1000本以上を積んでいる
「ハイドランドピット」（地下の燃料くみ出し口）
地下にある燃料貯蔵タンクからサービサーで燃料をくみあげて、飛行機に給油する。これをハイドランド式給油システムという
サービサー（飛行機に燃料を補給する車）

COLUMN

航空郵便のはなし

飛行機による郵便の輸送、いわゆる「飛行郵便」のはじまりは、1919（大正8）年のことです。帝国飛行協会による東京一大阪間の3機による往復輸送でした。

本格的に航空機による「航空郵便」が始まったのは、1929（昭和4）年東京一大阪一福岡間での輸送からです。このとき、飛行機による郵便輸送の呼び方が「飛行郵便」から「航空郵便」に変わりました。

郵便物は、その公共性から、飛行機会社には郵便を最優先で輸送する義務が課せられています。

今日、あらゆる種類の郵便物が航空輸送されています。あらゆる郵便物とは、通常郵便物および小包郵便物です。通常郵便物は、第1種から第3種まであります。また、小包郵便物には一般小包、書籍小包とカタログ小包の3種類があります。

「郵袋（mail bag）」という言葉を聴いたことがありますか？　これは郵便物を収納する袋で、従来は航空郵便もすべてこの郵袋単位で行われていました。しかし、1990（平成2）年8月から、航空郵便の書状やハガキはメールケースによる輸送に代わっています。

また、1982（昭和57）年5月に東京郵便局と那覇郵便局間の航空輸送で航空コンテナが利用され、郵便局間の「陸空一貫輸送」が実現しました。それ以来、航空コンテナによる航空郵便の輸送が全国に拡大しています。これは、発地の郵便局において郵便物をコンテナに詰め、扉を封印し、発地の空港まで陸送、これを航空機に積み込みます。航空機で輸送され着地の空港に着いたコンテナは、そのまま着地の郵便局まで陸送され、着地郵便局に到着後初めて封印がとかれます。

この陸空一貫輸送は、航空郵便の安全性、迅速性と効率性を高めるのに役立っています。

飛行機に乗るときに搭乗口付近（機体左側）に赤い「〒」マークが描かれているのを見かけたことがありますか？　これは、その飛行機が航空郵便を輸送していることを示すものです。

7章

飛行機の運航と操縦

01

飛行機の頭脳、コクピットと計器

飛行機の操縦室のことをコクピット（Cockpit）といいますが、他にも「闘鶏場」という意味があります。第一次世界大戦当時の戦闘機の操縦席のパイロットの姿が、あたかも闘鶏場にいれられたシャモが籠から首を出してキョロキョロする姿にそっくりなことから、飛行機の操縦室をコクピットと呼ぶようになったというのが有力な説のようです。

初期のコクピットは吹きさらし

飛行機の初期の頃は、コクピットといっても上半身は吹きさらし、操縦桿、スロットルに高度計と速度計があるだけというものでした。その後、飛行機の近代化によって航空技術が進歩し、新しい設備や計器が続々と登場、コクピットの中は天井まで計器や装置が埋めることになりました。１９２０年代に密閉キャビンを持つ旅客機が現れて、コクピットも一応それらしいものになりましたが、それでも計器類はわずか9つ。コンパス、速度計、高度計、昇降計、旋回計、エンジン回転計、油圧計、湯温計と時計です。

その後新たな技術が開発され、今では計器だけでも50種類以上あります。そのほかに各種のスイッチやディスプレイなどがコクピットいっぱいに並んでいます。複雑でパイロットの業務も多くなったことから、長距離路線では機長、副操縦士のほかに航空機関士や通信士が乗務するようになりました。

必要な情報だけをスイッチひとつで映し出す

現在は、コンピュータやＩＴ技術の進歩によって、多くの計器をまとめてディスプレイに映し出すことで簡素化されています。従来のコクピットのように計器類がぎっしり詰まっているということはなく、集計器と呼ばれるブラウン管（ＣＲＴ）に必要な情報、データがスイッチひとつで映し出されるしくみになっています。最新のＢ７７７では、ブラウン管に代わり液晶モニターが使われています。

また、自動操縦システムの導入でパイロットの負担も軽くなったため、長距離便でもコクピットは機長と副操縦士の２人だけというのが一般的です。

コクピットの計器パネル

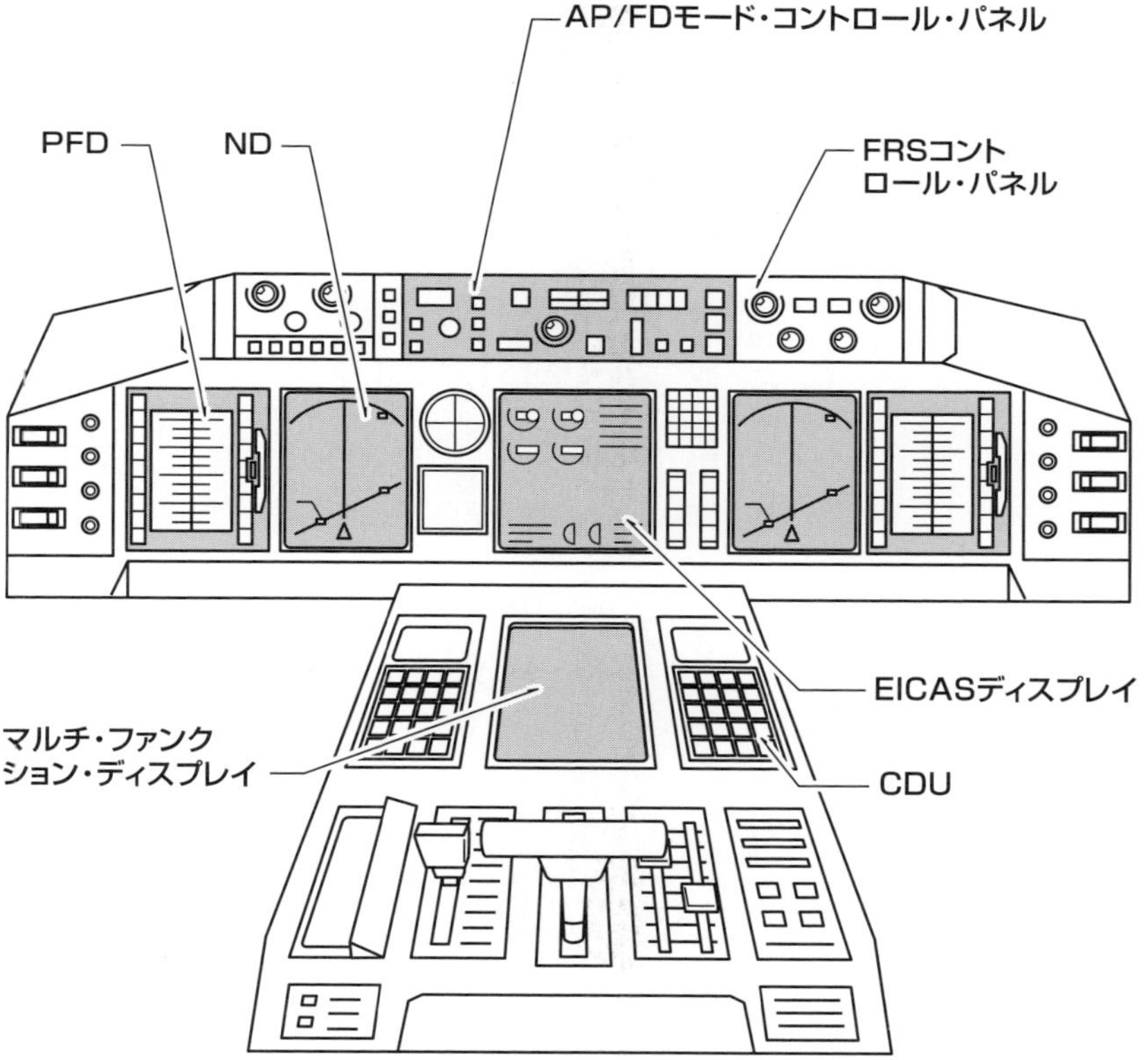

機体を支える「脚」

飛行機の脚をランディングギア、または単にギアといいますが、「降着装置」というのが正式な航空用語です。降着装置は、タイヤ、ホイール、ブレーキ、緩衝装置、引き込み装置、前輪ステアリングシステム、アンチスキッド制御システムおよびライト、エアグランドセンサーなどすべてを含んでいます。

ジャンボ機には、合計18個のタイヤがあります。前脚（ノーズギア）が機体前方に1脚2輪、主脚（メインギア）が機体の重心からやや後方に4脚16輪です。

重量300トン、温度400度に耐えるタイヤ

この18個のタイヤが重量３００トン以上ある駐機中のジャンボ機を支えています。また、離着陸時には２００トンから３００トンの重量の機体が時速２５０kmで走ります。特に、着陸のときに滑走路に接地するときの衝撃は1輪あたり15トン、そのとき温度は４００度にも達します。このため、タイヤは着陸時の消耗が激しく、２００～２５０回の着陸で交換されます。

着陸時の衝撃を和らげるための緩衝装置は、１ケ月から１ケ月半で交換されます。タイヤの直径はおよそ１２５cm、幅45cmでタイヤの内部には強度を上げるために「プライ」というナイロンの層が入れてあります。自動車は4層ですが、ジャンボ機は28層もあります。

飛行機は自力でバックできない

また、飛行機の車輪は自動車と違って駆動装置はついていません。飛行機は地上で移動する際もエンジンの推力で走っており、車輪は回っているだけです。したがって、飛行機は自力でバックすることができません。バックをする時にはトーイングカーという特殊車両の助けを借ります。

ブレーキは自動車と同じディスクブレーキですが、大型旅客機はディスクの数の多い多板式ブレーキが採用されています。

前脚部分には地上滑走時の前照灯（ライト）があります。また飛行機が飛行中か着陸しているかどうかを自動的に感知するエアグランドセンサーも、脚の部分に装備されています。

飛行機のタイヤのしくみ

離陸と着陸

もっとも神経を使う離陸・着陸

離陸（テイクオフ）とは、飛行機が飛行のための動作（離陸滑走）を開始してから地表面を離れて規定の性能で上昇を始めるまでの一連の操作と機体の運動全体をいいます。

また、着陸（ランディング）とは、飛行機が空港に近づきフラップを着陸モードにして、ギアを下げ滑走路末端部の50フィート（15ｍ）の高度を所定の速度で通過、機首を引き起こし、降下速度を減じて接地し、停止するまでの一連の操作と機体の運動の総称です。

いいかえれば、離陸・着陸という運動は、地上での2次元の運動と空中での3次元の運動の切り変わりの瞬間でもあるわけです。離陸時、着陸時に飛行機はもっとも不安定な状態にあり、事故も離着陸時に集中しています。

離着陸などの移動は管制官の指示によって行われます。飛行機がターミナルから離陸地点まで、あるいは着陸地点からターミナルに移動することを地上滑走

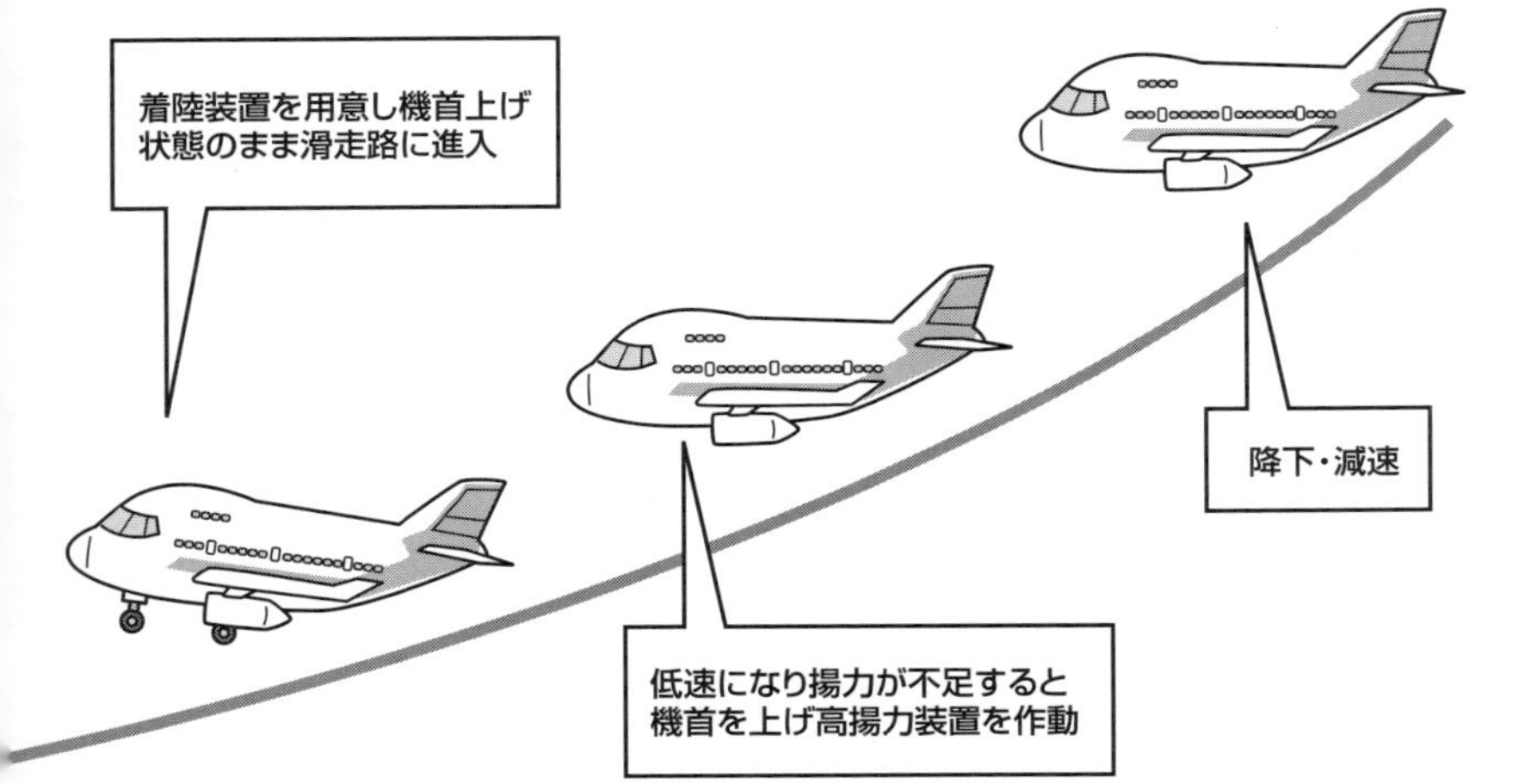
降下・減速
低速になり揚力が不足すると機首を上げ高揚力装置を作動
着陸装置を用意し機首上げ状態のまま滑走路に進入

（タキシング）といいますが、タキシングも管制官の指示に従います。無断で走行することはできません。

離陸に関する航空機の性能

離陸に関する航空機の性能は3つあります。①離陸に必要とする距離、②離陸速度、③地表から離れた後の上昇性能、の3つです。

旅客機は何より安全性を重視しているため、エンジンのひとつが離陸滑走中に停止しても離陸できるように設計されています。

2つの離陸方式

航空管制官から離陸許可を得ると、離陸操作を開始します。離陸の方法には、「スタンディングテイクオフ」と「ローリングテイクオフ」という2つの方式があります。

滑走路に進入後、その中心線でいったん機体を完全に停止してからエンジンを離陸出力にして離陸滑走を始めるのが前者です。後者は誘導路から滑走路に進んで滑走路の中心線に機体を正対させます、正対したと同時に停止することなくエンジンのパワーを上げ速度を上げながら離陸を始める方式です。

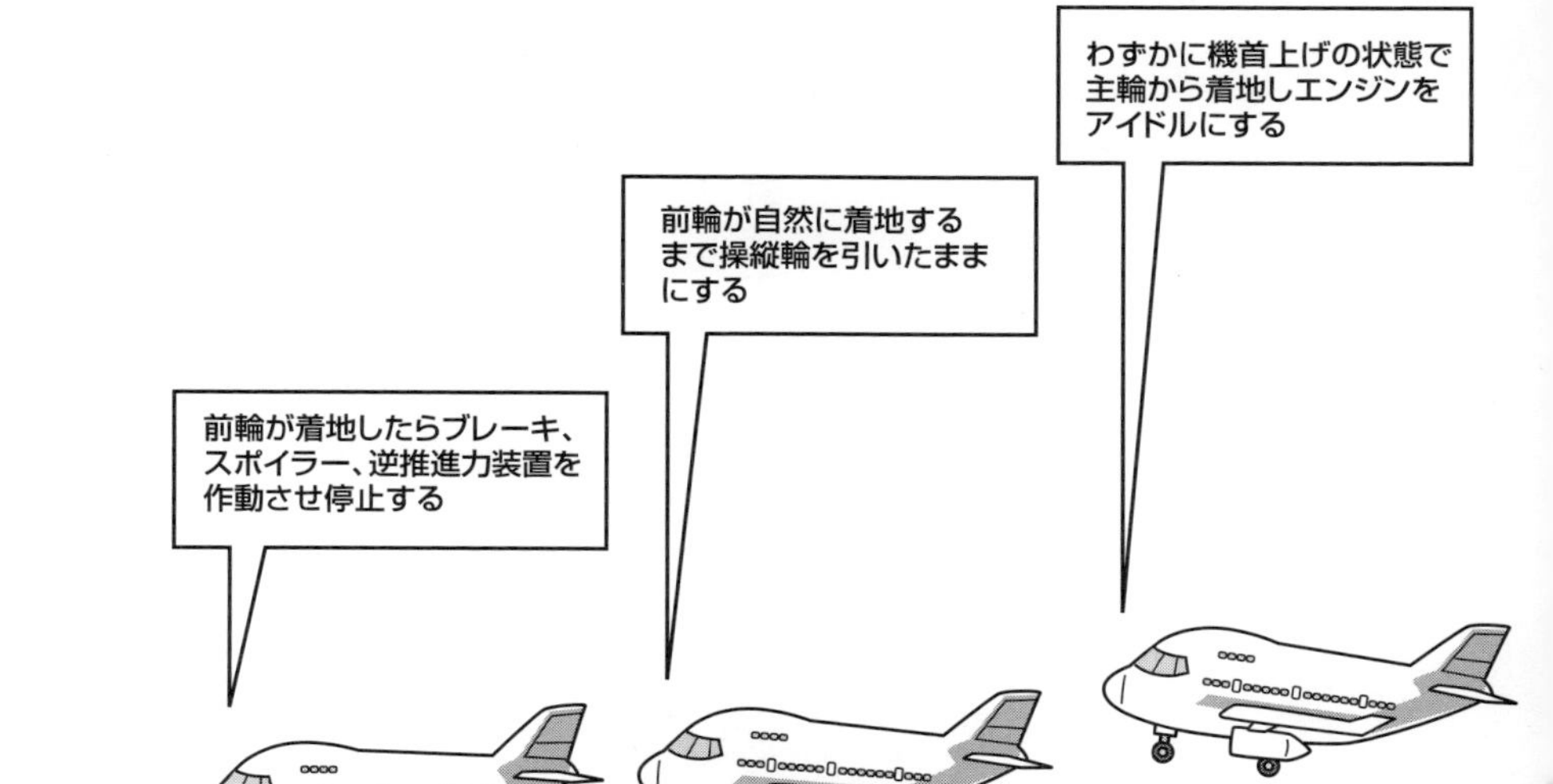
わずかに機首上げの状態で主輪から着地しエンジンをアイドルにする
前輪が自然に着地するまで操縦輪を引いたままにする
前輪が着地したらブレーキ、スポイラー、逆推進力装置を作動させ停止する

飛行と気象

飛行機は大気の中を飛ぶため、気象から大きな影響を受けます。主に、飛行機の離着陸時に影響を与えるものと飛行中に影響するものがあります。

離着陸に影響を与える気象

離着陸に影響を与える気象現象には、濃霧、地上の風、雨や雷雨、風などがあります。

そのほか、目に見えないものの離着陸に影響する現象に「ウィンドシア」があります。垂直方向で上下に接した2つの層の間、または水平方向で隣接した2つの層の間で風向や風速に極端な差があることをウィンドシアといいます。なかでも低層域のウィンドシアは、下降気流が地表面で周囲に流れの向きを変えることによって起こります。下降気流の中では大きく風向きが変わるので、離陸体制に入って減速中の飛行機にとっては非常に危険な現象です。現在の観測システムでは予測が難しい現象だとされています。

飛行に影響を与える乱気流（タービュランス）

飛行中の航空機に影響を与える気象現象は大気の動きに関係するものが主です。低気圧や前線、気圧の谷といったものです。これらは天気図や気象情報から予測可能です。しかし、予測が難しく厄介なのが乱気流です。乱気流はその発生原因によって次の5つに分類できます。

①建物や地形の影響によるもの、②空気の対流によるもの、③ウィンドシアによるもの（そのうちの水平方向の風向、風力の差により発生する乱気流を晴天乱気流という）、④航空機の翼端渦、⑤エアポケット

最新の気象データからフライトプランを作成

飛行機の安全のために、各航空会社は最新の気象データを入手、分析しています。デスパッチャーはこれらの気象データを総合的に解析して、安全で快適、かつもっとも効率的に運航できる飛行計画書（フライトプラン）を作成します。

気象情報は、①気象庁からのデータ、②日本全国の飛行場、気象台、測候所などの観測データ、③飛行場気象レーダーのデータ、④気象衛星からの画像、⑤パイロットからの気象レポート、などから入手します。

パイロット泣かせの乱気流

05

管制官の指示は絶対

目に見えない空の道

旅客機はあらかじめ定められたルートを管制機関の指示を受けながら飛行します。管制機関の指示を受けながら飛行する空のことを管制空域といいます。

飛行場周辺には管制圏、進入管制区が設けられています。航空路を含む管制区や洋上管制区が定められており、安全で効率的な運航を行えるしくみができています。広い空だからといって勝手に飛行しているわけではありません。上昇後、巡航高度に達すると飛行機は航空路を飛行します。航空路はいわば空のハイウェイですが、目に見える道はありません。地上の無線機から発信される電波を結んで、あたかも線のように航空路ができています。航空機は、この電波でできた線の上を飛行するわけです。

どんなときも管制官の指示に従う

管制機関で実際に指示を出すのが航空管制官です。飛行中だけ航空管制官の指示に従えばいいのではなく、空港内でも、飛行機は何をするにもすべて航空管制官の許可を必要とします。プッシュバックといって、トーイングカー（索引車）に引かれてターミナルから出る時、タキシング（地上滑走）、滑走路への進入、離陸などすべての動きに航空管制官の許可がなければできません。ターミナルから滑走路への経路も航空管制官から指示され、それに従って進入しなければなりません。

空港の地上走行をコントロールする管制機関と離着陸を許可する管制機関は違います。地上走行はグランド、離着陸はタワーと呼ばれる管制機関がコントロールしています。これらの管制機関は、空港の中にある管制塔というところにあります。空港に離着陸するすべての航空機が航空管制官の指示に従っています。つまり航空管制官がすべての空港にいる、あるいは空港に進入しようとしているすべての航空機の情報を把握しているのです。

つまり、航空管制官によってすべての航空機の交通整理が行われることによって、空港とその近辺、および航空路上の飛行の安全が確保されているといえます。航空管制官の許可を取り忘れて離陸しようとした飛行機が、あわや着陸機と衝突しそうになった事件もありました。

空港周辺の航空管制

タワー

滑走路上の飛行機の離着陸許可を出す

クリアランスデリバリー

飛行計画に基づき管制承認（飛行許可）をパイロットに伝える

ディパーチャー／アプローチ

空港を離陸して、航空路（エンルート）に乗るまでのレーダー管制と、着陸機をタワーの管制官に引き継ぐまでのレーダー誘導を行う

グランドコントロール

誘導路やスポットなど、滑走路以外の空港内の地上を走行する飛行機や車両の管制をする

出発から到着までの作業の流れ

旅客機の出発から到着までの作業にはどのようなものがあるのか、国内線を例にみてみましょう。

機材の準備と乗客対応

まず、使用航空機が準備されます。整備・点検の後、必要燃料を搭載します。準備された飛行機はターミナルに回されて機内清掃がなされ、機内の各種準備ができ次第、手荷物を搭載します。

地上職員によって航空券の発売、搭乗券の発券が行われます。乗客の案内や誘導、チェックイン、手荷物の預かり、手荷物点検、搭乗口への誘導などを行い、出発15分前くらいから搭乗を開始します。

飛行計画（フライトプラン）の決定と提出

デスパッチャーが気象条件を把握、解析して、飛行計画を検討します。機長とともに飛行可否を決定して、飛行時間や搭載燃料を決めます。その後、航空局に飛行計画を提出します。コクピットクルーは、搭乗機に移動します。客室乗務員へのブリーフィングで気象による客室への影響などの説明を行います。さらに、飛行機の整備状況の確認、飛行機の外部点検、機内点検、各種搭載物の確認、コクピット内飛行前点検などが、チェックリストによって入念に行われます。

ブリーフィングには、乗員全体で行うものと、客室乗務員だけのものがあります。客室乗務員のブリーフィングでは当該フライト乗客に関する情報を整理します。その後客室内の点検、確認作業を経て、乗客を迎えます。

離陸から着陸まで

飛行機は、ターミナルからタキシングで滑走路の離陸地点に向かいます。管制官の離陸許可が出ればいよいよ離陸です。

離陸後、上昇飛行から巡航高度での飛行に移ります。ここで、シートベルト着用のサインが消えます。目的地に近づくと降下、ギアを下げて滑走路に進入、着陸です。タキシングでターミナルに着いて乗客が降りた後、乗員は最後に反省会ともいえる簡単なブリーフィングを行います。その間に手荷物が下ろされてターンテーブルに運ばれます。これでフライトの終了です。

点検や打ち合わせなど、入念な準備を行う

整備・点検・給油

旅客機が到着すると乗客が降り、貨物が下ろされます。これでフライトが終了しますが、飛行機は数時間後には新たな目的地に向かって飛び立ちます。飛行機をスケジュール通りに運航するためには、空港に駐機している数時間の間に機体の整備、点検、給油と機内の整備や清掃を要領よく行わなければなりません。

整備・点検（メンテナンス）

フライトとフライトの間に行われる整備作業を飛行間点検といいます。この点検にあたるのが航空整備士（メカニックともいう）で、航空会社に所属しています。

飛行間点検は、運航関係の点検、整備だけではありません。客室の座席、ラバトリー、照明など主要設備も対象です。また、到着と同時に操縦室、客室乗務員から飛行中に発生した不具合箇所の報告を受けます。こうした不具合箇所も次の便の出発までに完全に修理しなければなりません。

飛行間点検のほかに、規定時間ごとに行われる各種の整備があります。重整備と呼ばれているものです。

グランドハンドリングと給油

整備士による整備・点検以外にもフライトとフライトの間には多くの作業が行われます。これらの地上スタッフによる作業を総称して「グランドハンドリング」といいます。一般に、整備・点検は別にしている場合が多いようです。

グランドハンドリングには多くの作業があり、必ずしも航空会社みずからが行うものばかりではありません。その中で、重要なのが給油です。通常は石油会社と契約しており、石油会社が給油作業をします。ジャンボ機では一度に１７０トンもの大量の燃料を搭載します。燃料に圧力をかけて行う圧力式補給によって、わずか15～30分で給油できます。

客室内、ラバトリーの清掃、汚物の処理、機内食の搭載など、それぞれの契約会社が要領よく短時間に作業します。グランドハンドリングはこの他にも、貨物の揚げ積み、ボーディングブリッジ操作など多くの作業があります。

飛行間点検のほか、規定時間ごとの重整備も行う

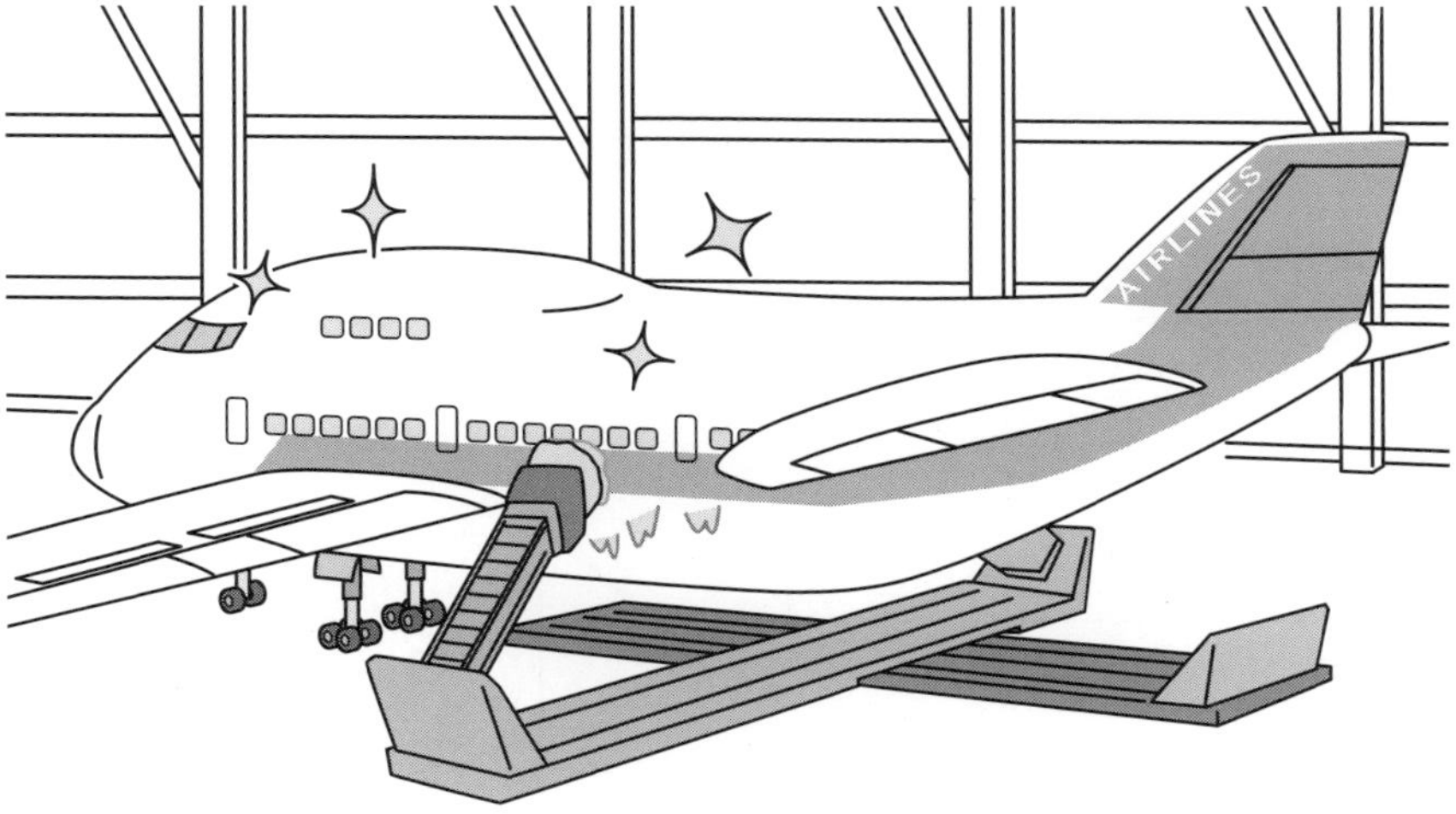

テイクオフ

ドアが閉まり、前輪の車輪止めが外れた時が出発時刻

乗客の搭乗が終わると、いよいよ旅客機の出発です。機長と副操縦士は、乗客が搭乗している間に、チェックリストに基づいて飛行管理装置（フライトマネージメントシステム）や計器類、スイッチ類を点検します。

その後搭乗口が閉められ、前輪の車輪止めがはずされます。この時が、その便の出発時刻として記録されます。

すべてのドアが閉じられたことを確認すると副操縦士が便名、要求巡航高度、ターミナルのスポットナンバー、エンジンスタート5分前を管制塔に知らせます。この連絡を受けて航空管制官からエンジンをスタートしてよいこと、飛行経路、巡航高度などの指示があります。

トーイングカー（索引車）に押されて飛行機はバックでエプロンを離れ駐機場の端まで移動します。このときに1基ずつエンジンを始動してゆきます。トーイ

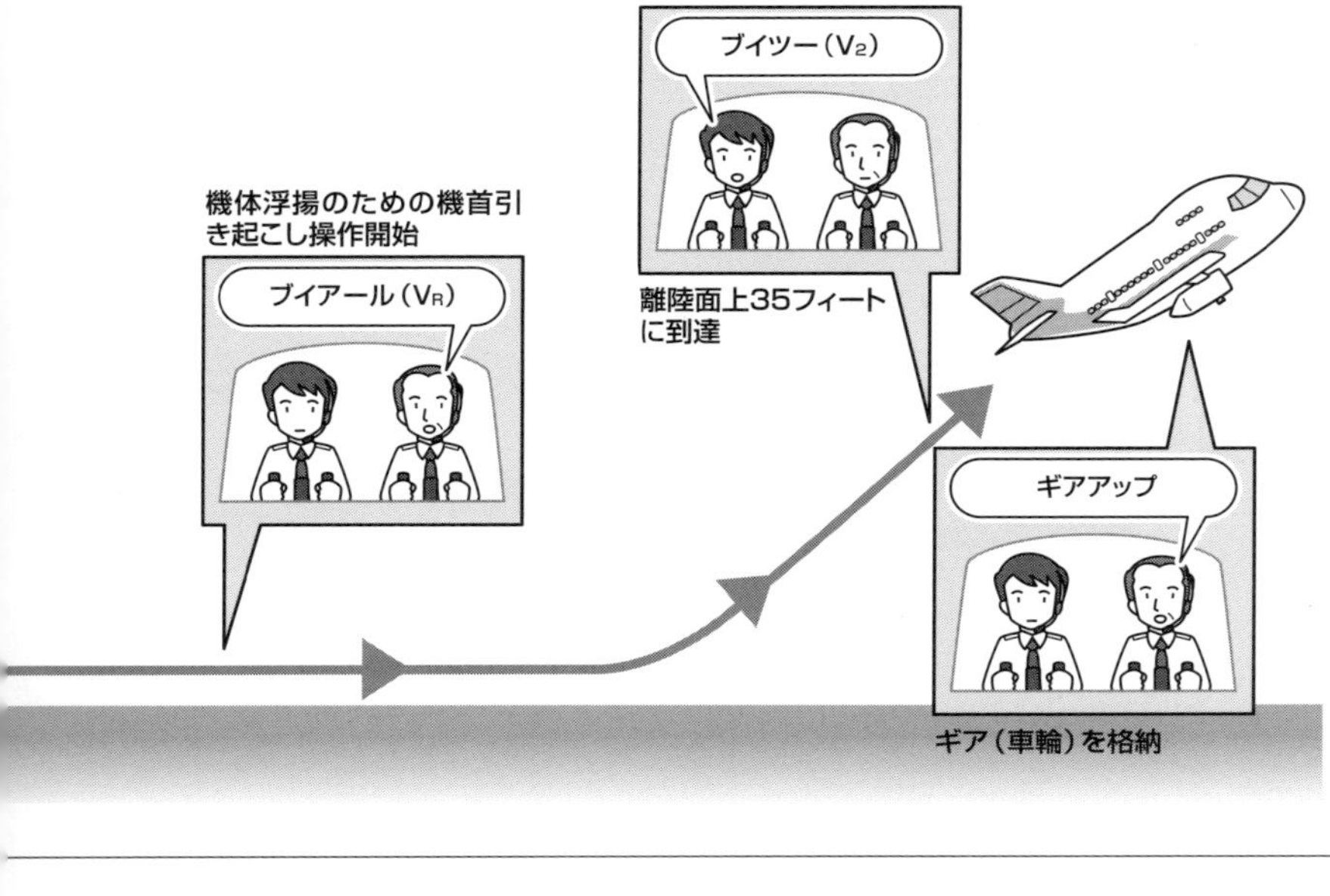

ングカーを切り離して、管制官の許可を得て、タキシングで誘導路を経て滑走路に進入します。今度は、航空管制官に離陸許可を求めます。この間に客室内では、緊急時の対応や機内設備の説明が行われ、決められた業務を終え客室乗務員も指定の座席に着きます。

滑走→離陸→上昇→巡航高度へ

航空管制官から離陸許可がでると離陸です。機長は、スライトレバー（自動車のアクセルにあたる）を前方に押し、オートスライトスイッチを「ON」にするとエンジンの回転数があがります。次に車輪ブレーキを「OFF」にすれば滑走を始めます。飛行機が地上を離れ、機長は副操縦士にギア操作レバーを「UP」にするように指示します。脚が上がり格納されます。高度500フィートになると旋回開始、1000フィートで自動操縦のスイッチを「エンゲージ」にします。1500フィートになったところでスライトレバーが離陸推力から上昇推力になります。巡航高度目指してさらに上昇を続けます。巡航高度に達するとスライトレバーが自動的に動きエンジンの推力を減少させ、機体を水平に保ちクルーズに入ります。

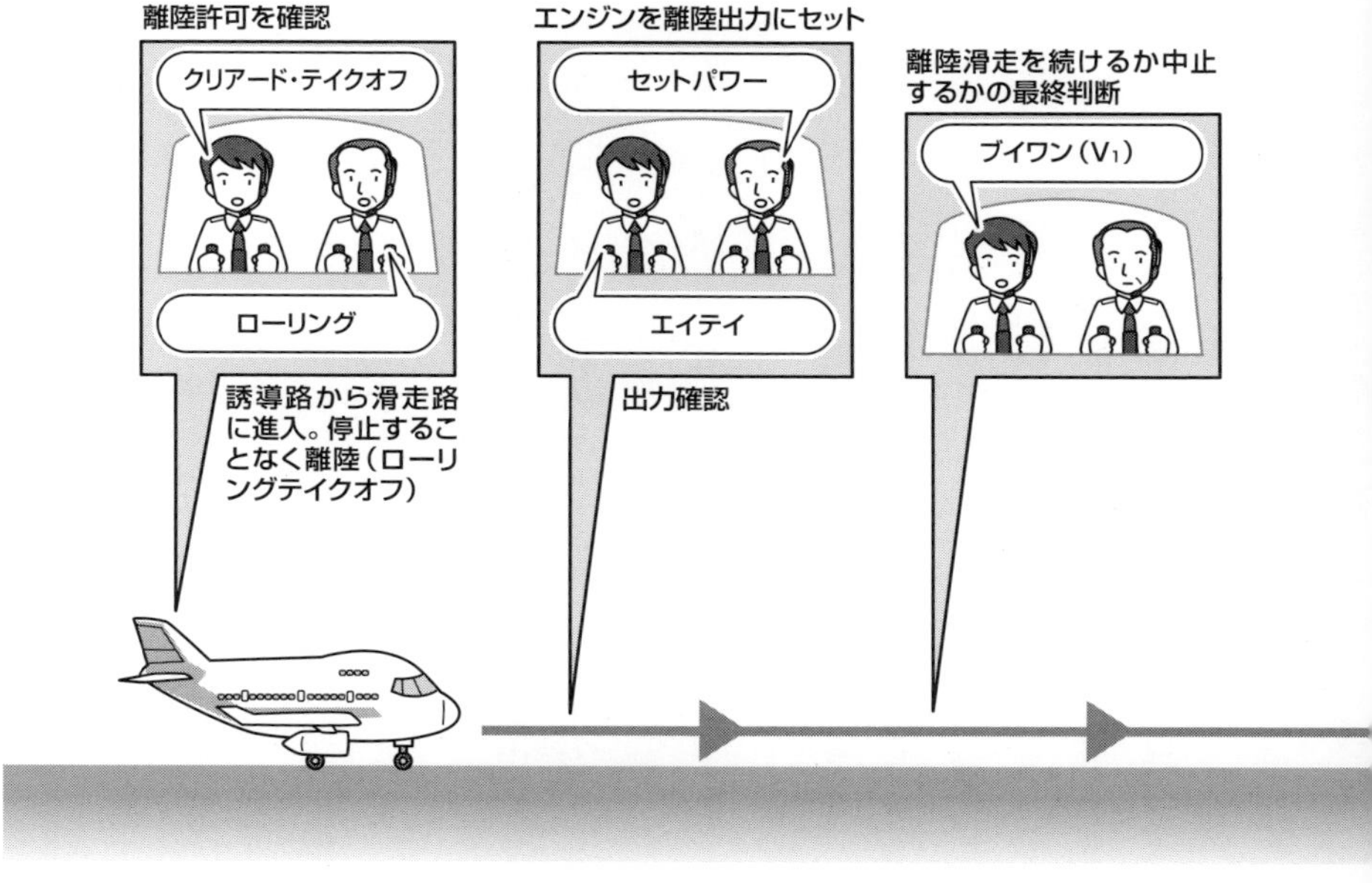

09

離着時の横風対策

飛行機は、基本的に風上に向けて離着陸します。最も苦手なのが横風です。特に、離着陸時の横風は大敵です。飛行機で、横風という場合は、滑走路方位以外の風、つまり真正面から吹く風以外すべてを横風といいます。

ジェット旅客機の翼は後退翼といって、後方に角度がついています。後退翼は衝撃波の発生を遅らせ横安定をよくします。その一方で、横風を受けると風上側の翼の上がるのが、後退角のない翼に比べて強い傾向がありますす。そこで補助翼を操作して主翼を水平に維持しようとしますが、機首を風上側に振る傾向も生じるため、方向舵操作によって修正する必要があります。

横風が吹く際の離着陸には高度な技術が必要

横風を受けての離着陸ではパイロットには通常の離着陸より高度な技術が要求されます。横風が吹いている場合の着陸では、飛行機は横風に抗して滑走路の中心線の上を飛行しなければなりません。その場合、翼を水平にしたまま機首を風上側に向けて飛行する方法がありますす。これをクラブ（蟹）飛行といいます。さらに、風上側に機体を傾け、横滑りしながら機首を滑走路に正対させるスリップという方法があります。通常は、高度が高いうちはクラブ飛行をしながら進入し、接地直前にスリップに移り、機首を滑走路に正対させて、風上側の車輪から接地する方法がとられます。

強い横風なら離着陸しない

安全を考え、離着陸時の横風の大きさの限界が定められています。ボーイング社のテストではB747-400で30ノットという数値を得ていますが、日本の航空会社はメーカーの基準より厳しい数値を設定しています。

日本航空では、滑走路面が乾いた状態で25ノットという独自の基準を設けて、離陸の限界速度としています。

滑走路は、風向きや風速のデータを分析し、最も横風が少なくなるように造られています。海外には、通常使用する滑走路の他に、横風用の滑走路を持っている空港も少なくありませんが、国土が狭く、充分な空港用地の確保が難しい日本では、横風用の滑走路を持つ空港は余りありません。

横風での離着陸は難しい

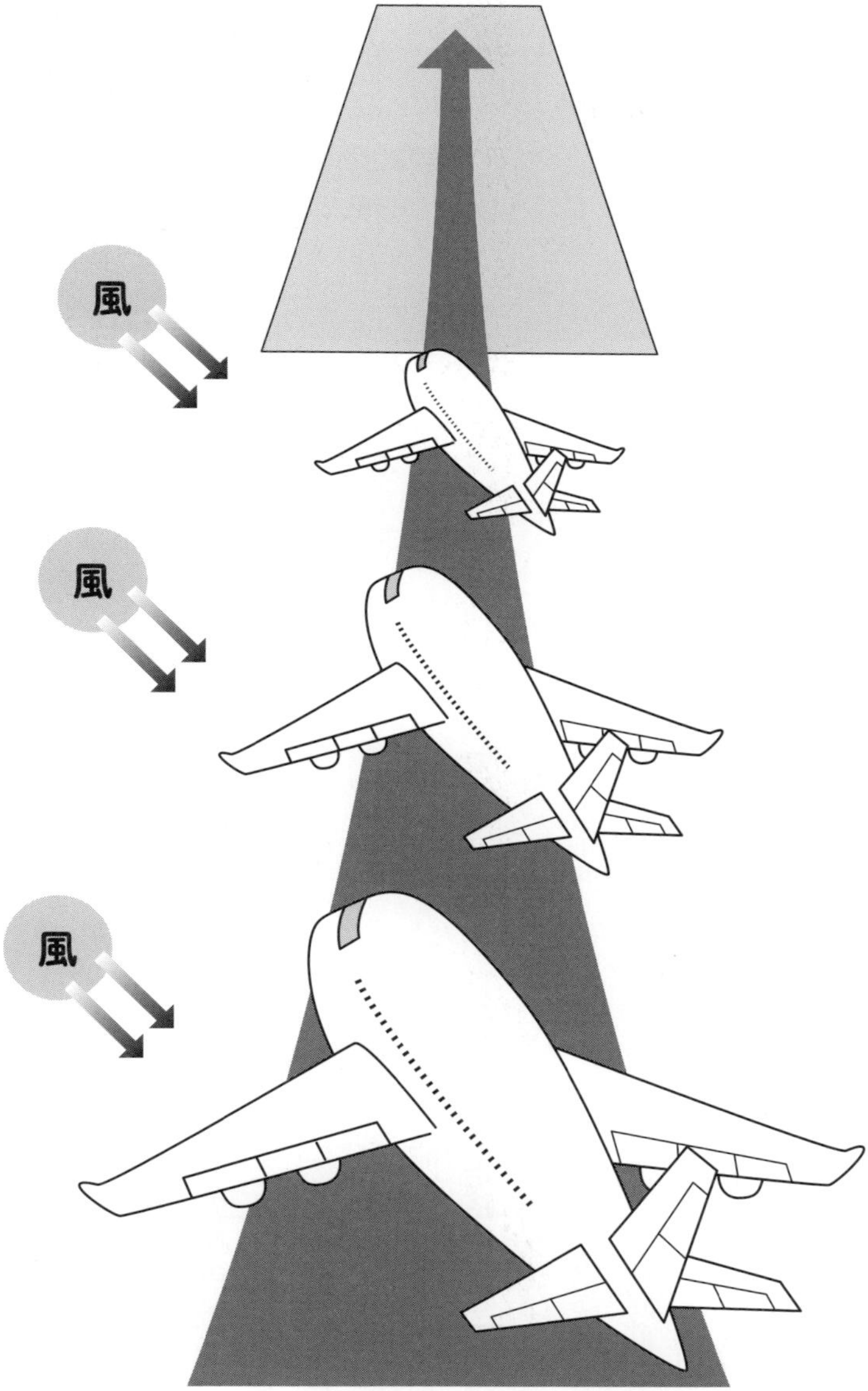

カニが歩くように横向きに進入する

離着時の背風対策

横風のほか、背風もパイロット泣かせです。背風を受けての離着陸でも高度な操縦技術が要求されます。

離陸時の背風は滑走距離を伸ばしてしまう

離陸する時に背風、つまり後ろから吹く風があると離陸滑走距離が長くなります。また、離陸速度になって操縦桿を引いても通常のように上昇しないことがあります。だからといって操縦桿を引きすぎると失速しかねません。

背風を受けての離陸では想像以上に滑走距離が伸び、小型機では背風が2ノット増加すると滑走距離は10％伸びるといわれています。

離陸のときだけでなく着陸時にも背風は危険です。滑走路近くになると飛行機は失速速度に近い状態になっています。この時に突然背風にみまわれると飛行機が滑走路面に叩きつけられる可能性もあり危険です。

大型旅客機が着陸する場合、エンジンの出力を完全に絞っても、重力による加速が大きくなるため着陸前の最終段階では機首を少し上げます。仰角を大きくし、エンジン出力もある程度保ち、ゆっくりと降下しながら、速度を落としてゆきます。この接地直前の機首を引き上げる時に背風を受けていると、背風のない時のように機首を引き起こすことができません。背風のない時と同じように機首を引き起こすと、ドスンと滑走路面に落ちる危険性があるからです。このため、水平姿勢を維持しながら接地直前にゆっくり操縦桿を引いて主脚から接地するようにします。これには大変高度な操縦技術が必要です。

「風の強さ・脚の強度・滑走路の長さ」で決まる

離陸、着陸いずれにおいても背風を受けている場合は、通常に比べて長い滑走路が必要です。滑走路が十分長く、背風で降りても安全に止まれる余裕があれば、かなり強い風のときでも、脚さえ丈夫なら着陸に支障はありません。

しかし滑走路が短ければ、たちまち必要着陸滑走路長不足となり、着陸できなくなります。つまり背風着陸は、「風の強さ」と「脚」と「滑走路の長さ」で決まります。

背風による影響

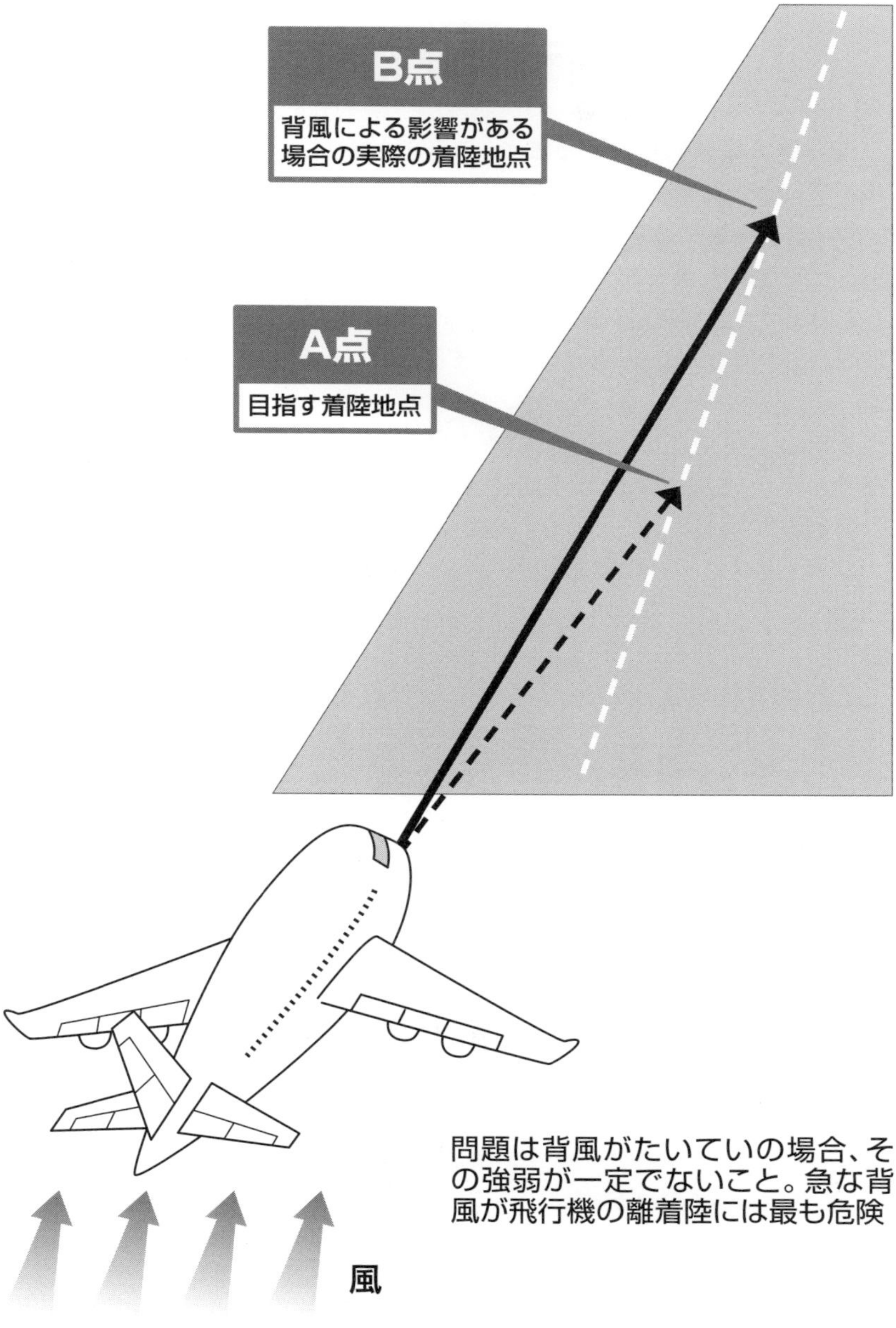
B点
背風による影響がある
場合の実際の着陸地点
A点
目指す着陸地点
問題は背風がたいていの場合、その強弱が一定でないこと。急な背風が飛行機の離着陸には最も危険
風

COLUMN

飛行機の時刻表

飛行機の発着時刻を知るには、航空各社が作成しているタイムテーブルと呼ばれる時刻表や各社のホームページから検索します。

タイムテーブルは航空会社の支店やカウンターで無料入手できます。また、各空港のホームページでもその空港発着便のスケジュールを提供しています。もちろん、航空会社のタイムテーブルには自社の便しか掲載されていません。各空港の提供するものはその空港の発着便だけです。

意外と気がつかないのが、市販の時刻表です。市販の時刻表には鉄道やバスの他にもフェリーや飛行機の時刻表も載っています。国際線の時刻表が掲載されているものもあります。

旅客だけでなく貨物便も調べたいというときには、月刊「Fuji Airways Guide」(フジ・インコーポレーテッド、定価336円)という旅行業界や航空会社向けの時刻表があります。巻末に貨物専用便の時刻表もあります。

世界中の航空会社のタイムテーブルや空港の情報を提供している会社もあります。OAGという英国の会社で、旅行・運輸業界を専門に各種情報の管理と配信をしています。OAG(旧ABC)は、1853年に「ABC Alphabetical Rail Guide」という英国の鉄道時刻表を出版したのがはじまりです。航空時刻表の出版は1929年が最初で、以来航空時刻表を提供し続けています。代表的な時刻表に、「ヨーロッパ/アフリカ/中東航空時刻表(英語版)」(月刊、1,890円)や「アジア太平洋航空時刻表(英語版)」(月刊、1,890円、6万の直行便と乗継便のスケジュール収録)のほか、「OAGフライト」というオンライン検索サービスやCD ROM版の時刻表もあります。

ちなみに、「ヨーロッパ/アフリカ/中東航空時刻表(英語版)」は携帯しやすいポケット版で、巻末には旅行に関する情報が掲載されています。また、すべてのフライトのターミナルと各ターミナル間の乗継時間が出ているなど便利な1冊です。ネット通販など日本でも手に入れることができます。

8章

飛行機の整備

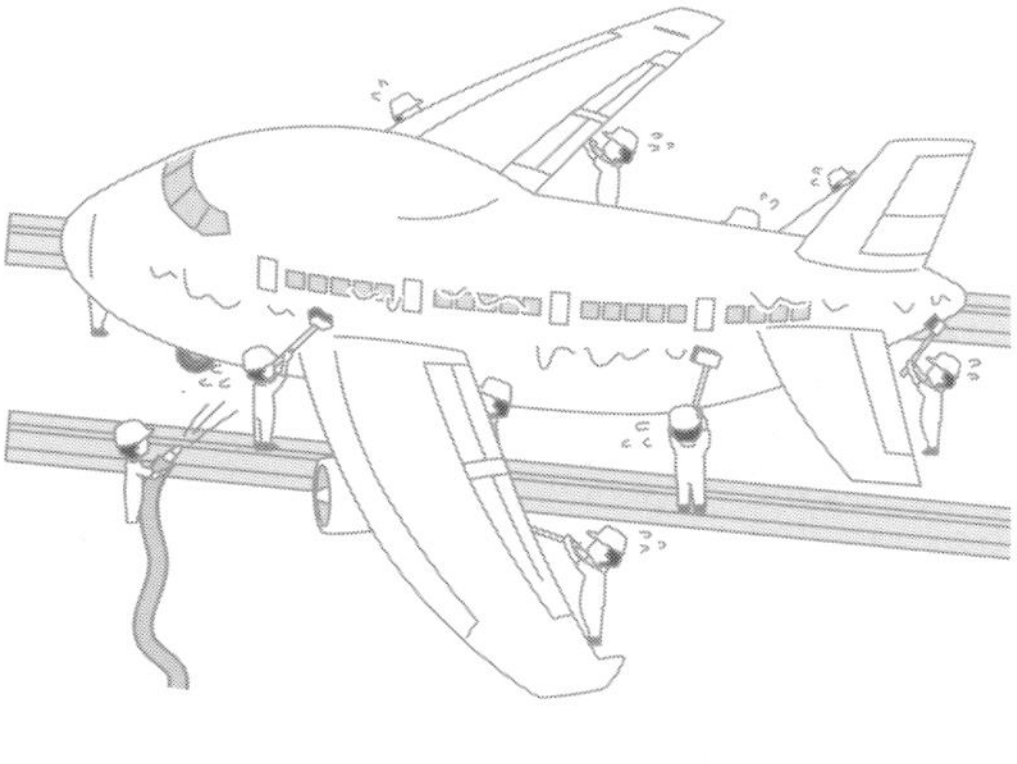

01

整備の目的

航空機の整備とは、航空機とその部品の機能を維持し、信頼性の向上をはかる業務活動全般をいいます。航空機の整備の目的は次の5つの言葉で表すことができます。①安全な飛行、②確実な運航、③快適なサービスの実現、④航空機設計品質の維持、⑤経済性の向上、これらのために実施するものです。

安全な飛行（安全性維持）

航空機材の機能を維持・向上させるための確実な整備作業の実施と確認作業が安全な飛行につながります。

確実な運航（定時制確保）

定時出発・定時到着のために不具合の発生を未然に防ぎ、発生した不具合には適時的確に対処することが大切です。

快適なサービスの実現（快適性維持）

旅客に満足を与え信頼感を得るために、諸装備の機能を十分に発揮させるとともに、航空機内外を清潔に保つことも重要です。

航空機の設計品質維持

設計品質の維持とは、常に航空機の状態を監視し、不具合が生じた場合には迅速・的確に整備し、すばやく正常な状態に戻すことです。

経済性向上

先の4つを確実に実施することで航空機の信頼性を高め、不具合の発生を抑えることができ安全性の確保、定時制、快適性の維持が可能です。結果として直接整備費のコストの減少につながり、経済性が向上します。

整備作業には、点検や検査のほかにも、燃料補給、各種液体・気体類の補充、クリーニングなどのサービシングと呼ばれる保守作業も含まれます。さらに、修理や改造、改修作業や限定された範囲での部品製作作業も整備作業です。また、航空機材の移動、固定、保存作業も整備作業の一部です。

このように、航空機の整備作業は一般の整備の概念よりずいぶん広いものです。

整備は直接整備作業を実施する現業部門とスタッフ部門の協力で効率的に進められる体制がとられています。

飛行機の整備作業は幅広い

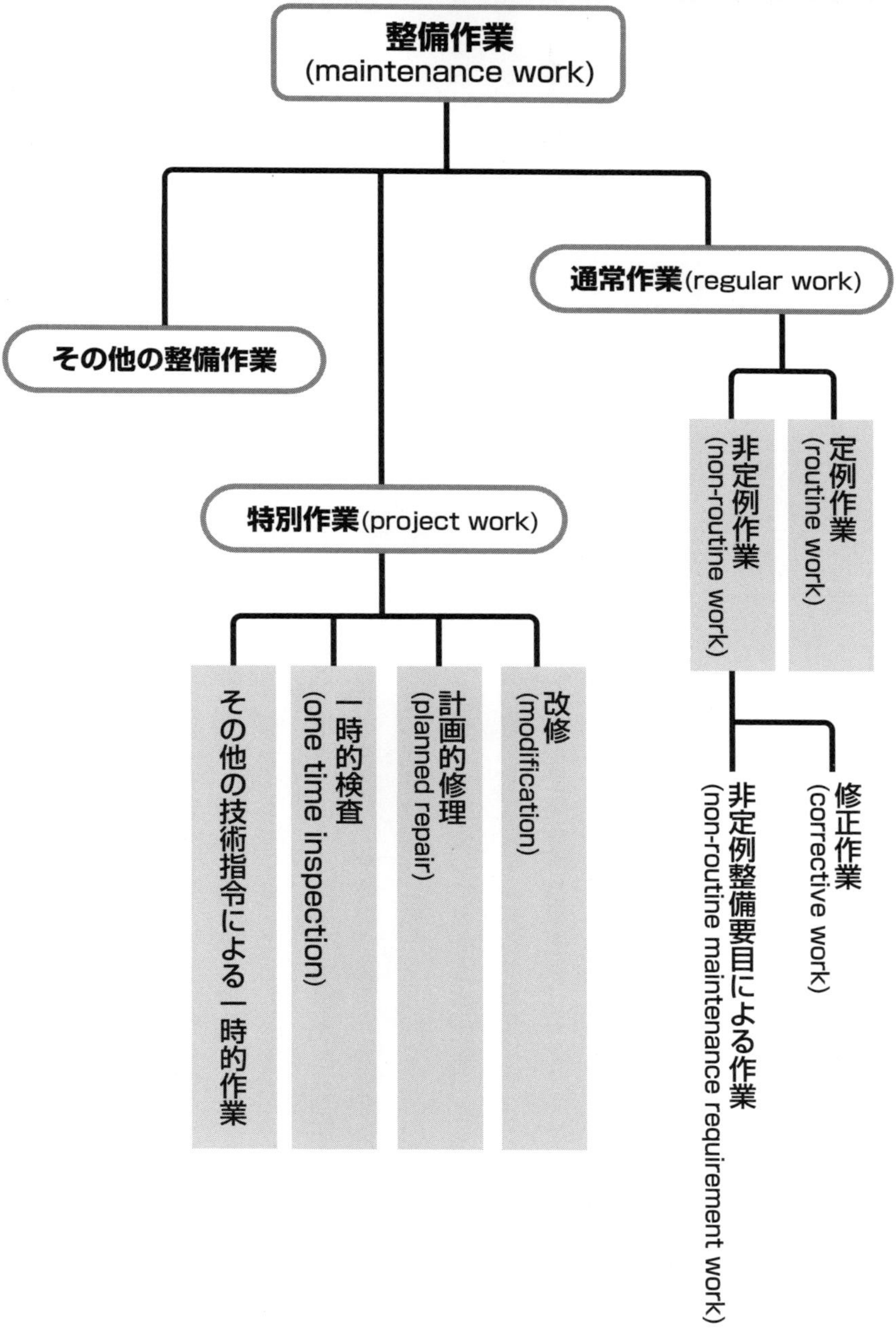
整備作業
(maintenance work)
その他の整備作業
特別作業(project work)
通常作業(regular work)
その他の技術指令による一時的作業
一時的検査
(one time inspection)
計画的修理
(planned repair)
改修
(modification)
非定例作業
(non-routine work)
定例作業
(routine work)
非定例整備要目による作業
(non-routine maintenance requirement work)
修正作業
(corrective work)

整備の種類

航空会社によって整備区分や呼び方は異なり、また、航空機の型式によって点検時期などに差はありますが、整備は内容によって大きく2つに分けられます。

ひとつは「機体整備」といわれるもので、機体に装備された状態でのエンジンや装備品を含めた航空機全体の整備作業です。もうひとつは、機体から取り外したエンジンや装備品、部品の整備作業のことで「工場整備」といわれます。

機体整備は、さらにいくつかに分かれます。一般に、出発前点検、定時整備および4～5年に一度行われる大掛かりな整備があります。航空会社によって定時整備はいくつかの段階に分けられています。

出発前点検とは

出発前点検は、飛行前点検と飛行間点検に分けられます。飛行間点検は、毎日の第2回以降の飛行の出発前に行う点検作業です。飛行前点検は、さらに2つに区分されます。毎日の最終便到着後、翌日の飛行に備えて実施するオーバーナイト点検と、毎日の最初の便の出発前に行う点検整備です。

定時整備とは

定時整備は、一定の飛行時間間隔で、整備要目にしたがって機体構造、諸系統、装備品などの定期的な品質確認作業と不具合の処置を行う整備です。定時整備は航空機メーカーによる整備時間限界とその作業の内容によって、何段階かに分かれていて、段階や呼び名は航空会社によって違っています。

飛行時間によって整備時間限界が決まっていますが、航空機の型式によってその時間は異なります。

長期使用重点整備とは

整備実施間隔が4～5年という長い整備です。主に機体構造関係の点検・検査や防蝕、修理作業で、機体の再塗装や客室内の改装など工期の長い改修作業が行われます。定時整備と同時に行われることもあります。

なお、飛行機がスポットから滑走路にタキシングするときに手を振っている整備士がいますが、これは「出発前点検」を実施した整備士です。

整備は2つに分けられる

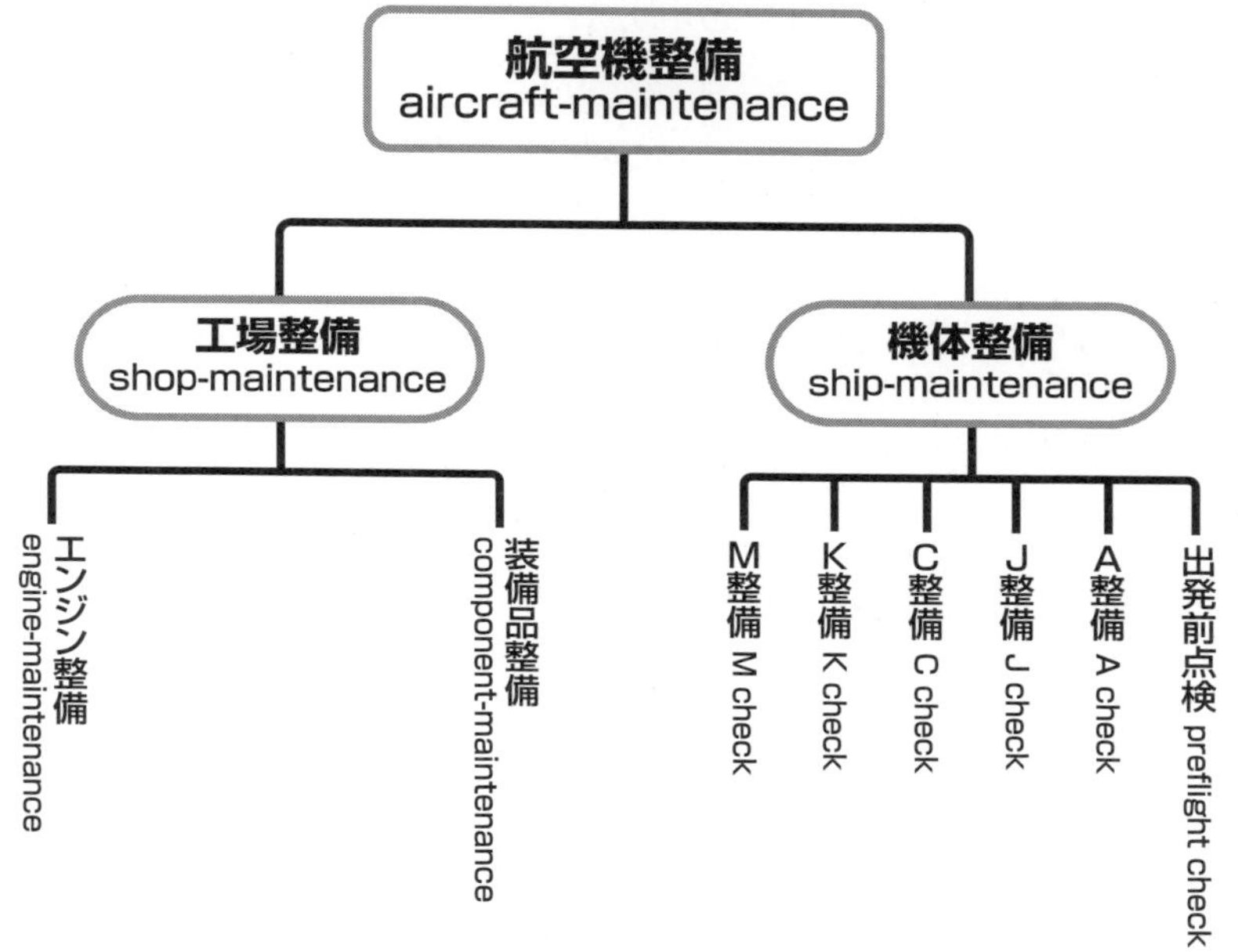

	B777型機	B767型機	B747-400型機 （国内線仕様）
定期整備	間隔		
A整備	500時間	500時間	600時間
J整備	400飛行回数 または 75日のいずれか早いほう	300飛行回数	
C整備	6000時間	6000時間 または 18ケ月のいずれか早いほう	3500時間 または 18ケ月の早いほう
K整備	4000飛行回数 または 750日のいずれか早いほう	3000飛行回数 または 18ケ月のいずれか早いほう	
M整備	16000飛行回数 または 3000日のいずれか早いほう	6年	5.5年

整備の技法

航空機の整備は、個々の構成や装備品の重要性や信頼度によって整備に異なる技法をあるいは組み合わせて実施しています。主な整備の技法あるいは方式といわれるものは3つあります。「ハードタイム」(Hard Time=HT)、「オンコンディション」(On Condition=OC)、「コンディションモニタリング」(Condition Monitoring=CM)です。

「ハードタイム」とは

時間限界を決めて定期的に部品・装備品を機体から取り外して分解修理、交換あるいは破棄する技法です。主として装備品の整備に適用します。分解修理(オーバーホール)はこの技法の代表例です。

「オンコンディション」とは

定期的に点検・検査を繰り返し、不具合があったときに必要な処置をして品質を維持する技法です。主に、機体構造、諸系統および装備品などに適用しています。

ジェットエンジンはオンコンディション技法による整備の代表例です。エンジンを機体に搭載したまま外部からボアスコープ(光学内視鏡)などの機器を用いて内部の検査が可能になったことが要因です。なお、機能試験を行うために、機体から定期的に取り外しても分解修理などを行わないものはここに属します。

「コンディションモニタリング」

定期的な点検・検査・試験を行わず、航空機の状態をモニターし、発生した不具合のデータ・情報を収集し、これを分析・検討して適切な処置をとることで品質を維持する技法です。故障を起こしても安全性に直接問題のない部品や装備品に適用されます。

この技法を採用する航空会社は前提として、「信頼性管理体制」を構築しています。これは、航空機材の信頼性に関して「モニタリング→解析→対策・処置→モニタリング」という一連の活動を機能的に実施する体制をいいます。航空会社と航空機メーカーが密接に結びつき、部品や装備品の品質と信頼性を高めることによって可能な方式です。

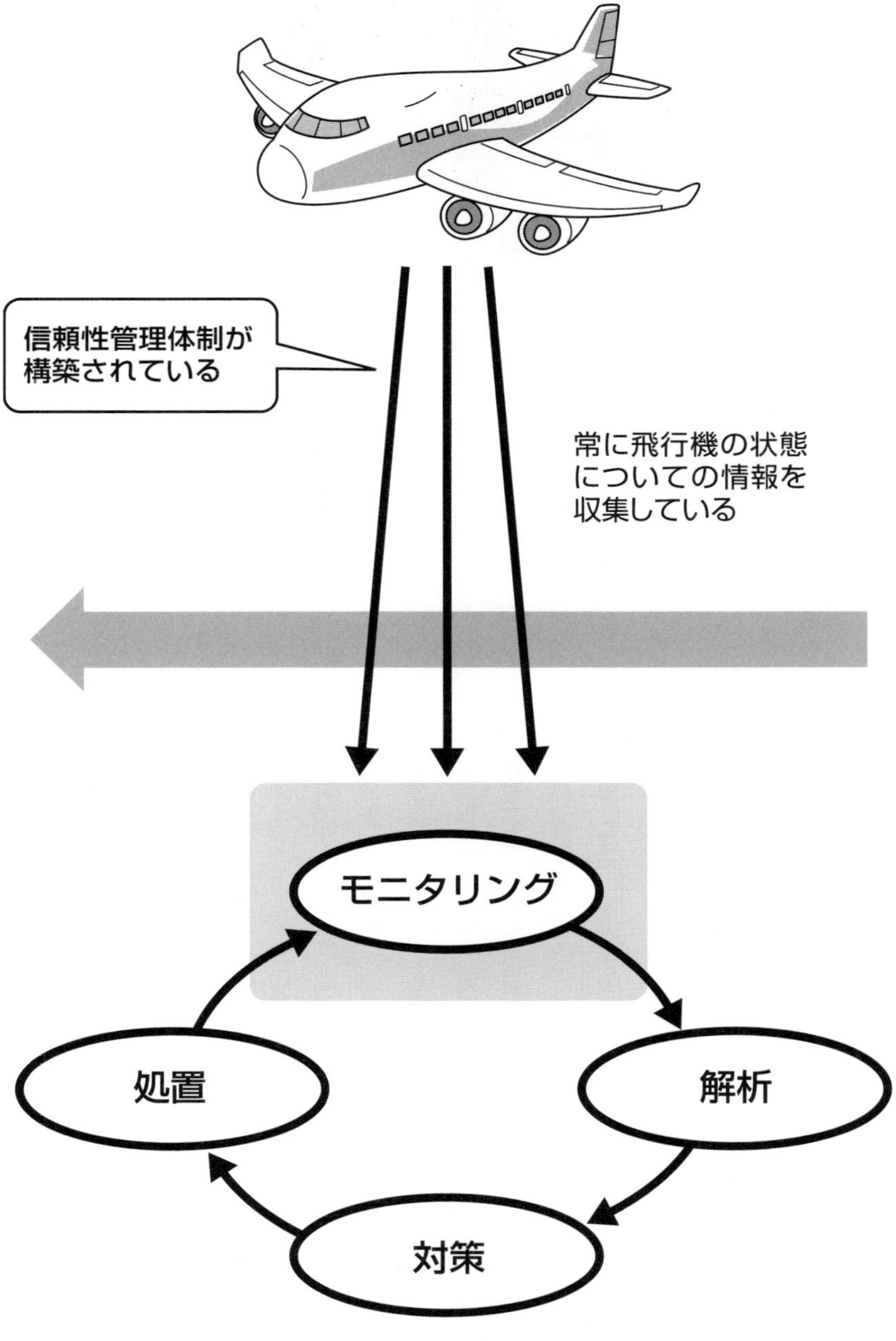
信頼性管理体制が
構築されている
常に飛行機の状態
についての情報を
収集している
モニタリング
解析
対策
処置

出発前の整備内容

飛行前点検は、航空機が着陸してから次の出発までの間に実施される整備作業です。出発前の飛行機が安全に飛行できる状態にあることの全般的確認をするとともに、必要な燃料や水などの補給、クリーニングなどのサービシングを行い、出発の態勢を整えます。

出発前にすべての問題を解決

その日の2回目以降の点検を飛行間点検といい、着陸してから次の出発までの間に行われます。この整備・点検に当てられる時間は国際線で約2時間、国内線なら1時間弱です。2～3名の整備士が機体の全般的状況を確認して、不具合があればその処置をします。

通常は、整備士の1人が機長とインターホンで交信しながら操縦上の問題の有無を確認します。もう1人が機体外観の状況を目で確認します。パイロットが降りた後、コクピットに入り、操縦席の動作確認をします。また、トイレの故障、座席の不具合などキャビン関連のトラブルは、客室乗務員からの報告に基づいて適切な処置を施し、出発までにすべての問題を解決します。

快適なサービスの提供も整備の役割

こうした点検・整備以外にトイレの汚物処理、水や航空燃料の積み込み、機内清掃などが行われます。

到着した航空機をスポットに誘導するときに手旗で合図するスタッフ、出発する航空機をトーイングカーで滑走路に運ぶスタッフがいますが、この人々は「グランドハンドリングスタッフ」と呼ばれ、整備士ではありません。また、機内食はケータリング会社のスタッフが行います。こうした作業もすべて整備です。

航空機の安全運航だけでなく旅客への快適なサービスも旅客機における整備の大きな役割のひとつです。

整備作業には、通常作業と特別の目的を持って行う特別作業があります。通常作業には、整備要目にしたがって決められた「定例作業」と、飛行中に発生した不具合や点検で発見された不具合の修理を行う「非定例作業」があります。非定例作業には、保存整備や中古機導入時の整備、異常着陸や雷撃に遭遇したときの処置作業なども含まれます。

安全運航だけでなく旅客への快適なサービスの提供も整備の役割。機内清掃も念入りに行われる。

着陸してから次の離陸までの間に点検・整備を実施。国際線なら約2時間。その間に2～3名の整備士が機体全般を確認し、不具合があれば処置する。

飛行機の特徴的な検査方法

「非破壊検査」で肉眼ではわからない欠陥を発見

航空機の検査に独特なものがあります。「非破壊検査」といわれるものです。機体構造や航空機部品を破壊したり分解したりせずに、肉眼ではわからない外部欠陥や内部欠陥を発見する検査のことをいいます。

ボアスコープ検査、ＳＯＡＰ、磁気探傷検査、蛍光液浸透検査、染色液浸透検査、渦電流探傷検査、超音波探傷検査、Ｘ線検査、赤外線検査などがあります。

①ボアスコープ検査
光学内視鏡を使用して航空機のエンジンの中を覗く検査（このためにジャンボ機のエンジンには20ケ所のボアスコープ用の穴が備わっている）

②ＳＯＡＰ（Spectrometric Oil Analysis Program：オイル分光分析検査）
エンジンのオイル系統の不具合を発見する検査

③磁気探傷検査（Magnetic Particle Inspection）
鉄など磁性体金属の主に表面欠陥の検査方法

④蛍光液浸透検査（Fluorescent Penetrate Inspection）
金属および非金属の表面欠陥の検査方法。ザイグロ検査ともいわれる

⑤染色液浸透検査（Dye Penetrant Inspection）
原理は蛍光液浸透検査と同じで、赤色の染料を混ぜた浸透液を使う。ダイチェックともいう

⑥渦電流探傷検査（Eddy-Current Inspection）
電磁誘導の原理を応用した方法。金属などの伝導体の表面の欠陥検査に用いられる

⑦超音波探傷検査（Ultrasonic Inspection）
人間には聞き取れない高い周波数の音波（超音波）を利用して内部欠陥を検査する方法

⑧Ｘ線検査（X-Ray Inspection）
Ｘ線の強い透過力を利用して内部欠陥を検査する方法

⑨赤外線検査
赤外線を利用して表面温度や温度差を計測することで、過熱・冷却時の熱変化や温度分布を見ることができる。非接触で短時間に広範囲の測定が可能で、航空機整備への応用が進められている

さまざまな「非破壊検査」で欠陥を見つける

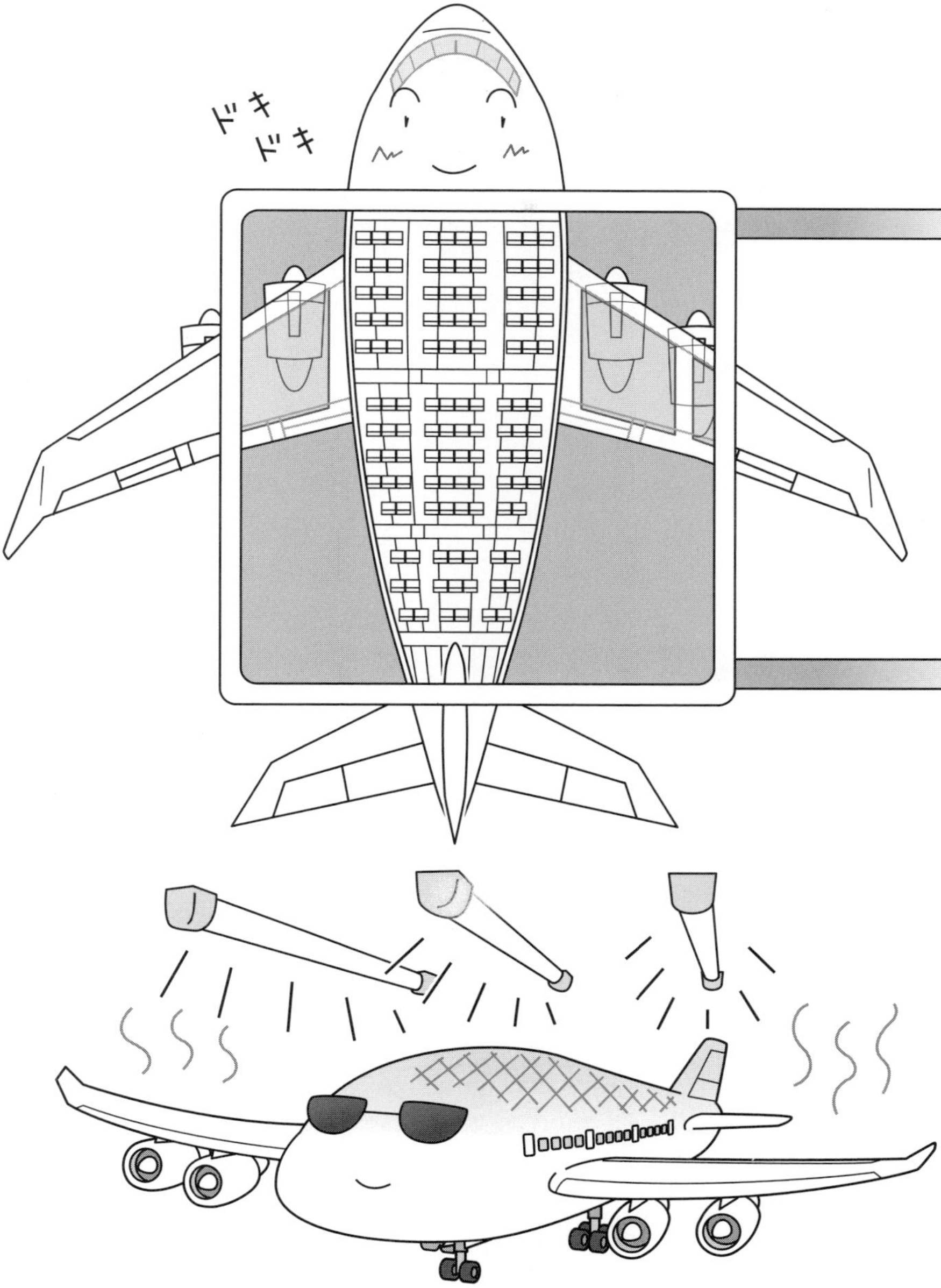

飛行機の〝車検証〟

まったく同じではありませんが、航空機にも自動車の車検証にあたるもの――「耐空証明」「型式証明」があります。車検の定期点検よりもっときめ細かい整備が行われています。

定期点検の実施を示す書類は、航空日誌です。詳細な点検・修理項目は複雑なので、コンピュータで管理されています。点検マニュアルは1億ページにものぼるほど複雑です。

耐空証明

航空法（第10条、11条）によれば、航空機は、その強度、構造および性能が耐空基準に適合しているかどうかを設計、製造過程およびその完成後の現状について耐空検査を受けなければならないと決められています。

耐空検査は、飛行機の用途（耐空類別）と運用限界を指定して書類審査、地上検査、飛行検査が行われます。この検査に合格すると「耐空証明」が国土交通大臣によってなされます。耐空証明は航空機の健全性を示す書類で、「耐空証明書」と「運用限界等指定書」が一緒に交付されます。これらの書類は、常に航空機に搭載していなければなりません。この有効期間は1年ですが、実際には国土交通大臣が定める期間、具体的には「整備規定」の適用を受けている期間は有効とみなされています。

なお、耐空証明は日本の航空法に定められたものですから、日本国籍の航空機しか受けることはできません。

型式証明

量産機種は、航空機メーカーの申請に基づいて、国土交通大臣から最初の1機あるいは数機について検査を受けます。航空機が「耐空性基準」に適合しているかどうかの検査です。

その設計が耐久性基準に適合していれば型式証明を交付され、後の検査を省略できます。

航空機の設計の変更においては、改めて国土交通大臣の承認が必要です。

なお、米国で日本の型式証明に当たるものをＴＣ(Type Certificate) といいます。

耐空証明書

		耐空証明書番号 Certificate number
国土交通省 Ministry of Land, Infrastructure and Transport (耐空検査員) 耐空証明書 Certificate of Airworthiness		
1 国籍記号及び登録記号 Nationality and registration marks JA	2 航空機型式及び製造者 Manufacturer and manufacture's designation of aircraft	3 航空機製造番号 Aircraft serial number
4 耐空類別 Categories		
5 この証明書は、1944年12月7日の国際民間航空条約及び航空法(昭和27年法律第231号)の規定に従い交付するもので、上記の航空機は、上記の条約及び法律並びに指定した用途及び運用限界に従つて、これを整備し、及び運用するときは、耐空性を有することを証明する。 This Certificate of Airworthiness is issued pursuant to Convention of International Civil Aviation dated 7 December 1944 and Civil Aeronautics Law of Japan in respect of the above-mentioned aircraft which is considered to be airworthy when maintained and operated in accordance with the foregoing and the pertinent operating limitations. 国土交通大臣 印 (耐空検査員) 発行年月日 Date of issue 年 月 日		
6 耐空証明有効期間 Validity Period from 年 月 日から to 年 月 日まで		
7 備考 Remarks		

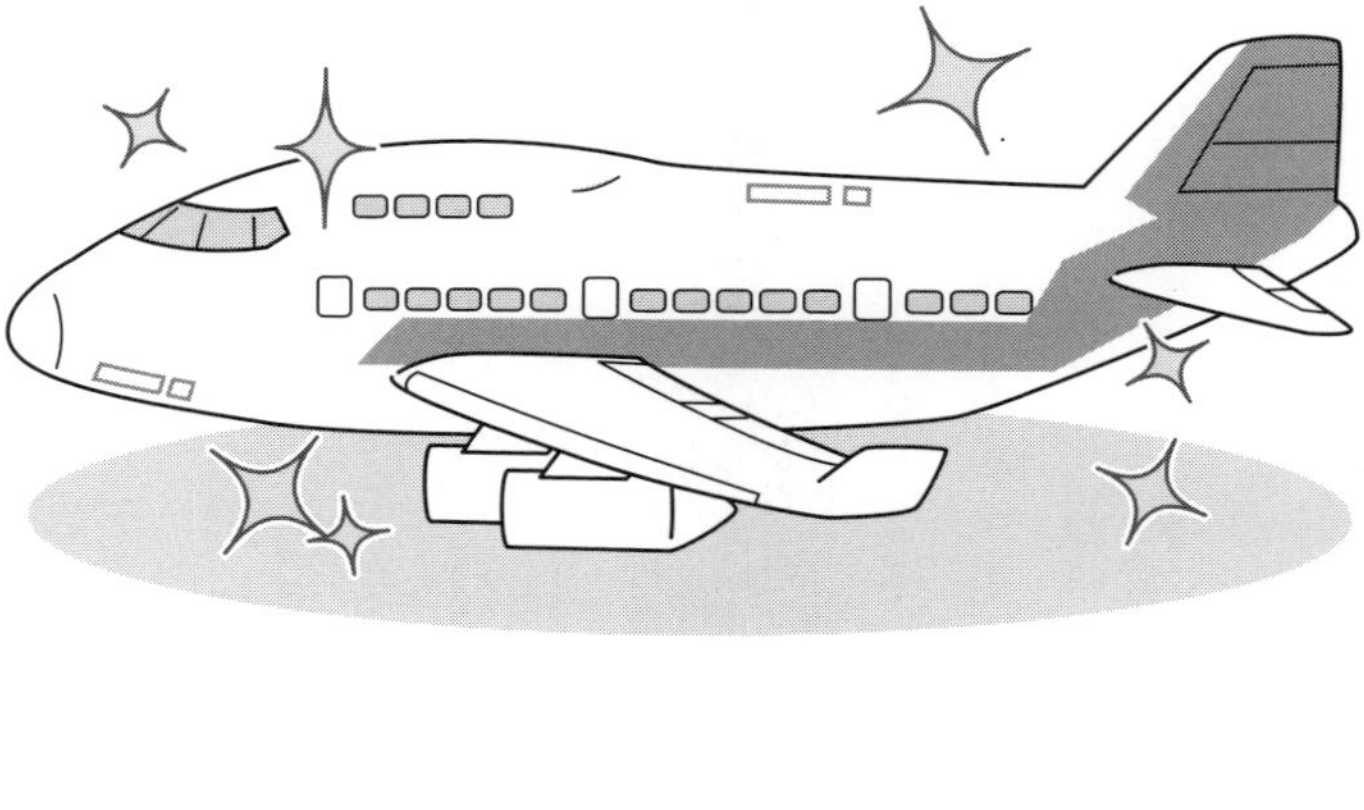

飛行機のクリーニング

美観の保持と腐食防止が目的

機体外部の整備のひとつがクリーニングです。キャビンはフライトごとに清掃します。機体外部も定期的にクリーニングを実施しています。機体の美観を保持するのも大切ですが、機体構造の腐食を防ぐのも大切です。このために定期的に汚損を除去する作業が行われます。これがクリーニングです。

旅客機で特に汚れやすい部分は、機首部分、主翼、尾翼の前縁、エンジン周りです。これらの部分は頻繁に洗浄されています。汚れは時間がたつと落ちにくくなりますし、汚れは腐食の原因ともなるからです。

クリーニングの実施内容や頻度は航空会社によって異なります。フライト回数の多い国内線では7〜10日ごとにクリーニングをします。

日本航空では、機体の部位や作業内容によって「No.1クリーニング」「No.2クリーニング」「フラップクリーニング」とクリーニング作業を3段階に分けています。

No.1クリーニングは国内線10日ごと・国際線15日ごと、No.2クリーニングは60日ごと、フラップクリーニングは定時整備にあわせて（B777では6000飛行時間ごと）行います。

最終的には人の手で汚れを落とす

クリーニングは、大半の航空会社は今も人間の手によって人海戦術で行っています。汚れ部分に洗剤をスプレーし、汚れを浮かせたところでホースから出る高圧水で洗い流すのです。さらに、汚れの落ちにくいところはモップやブラシでゴシゴシ、まさに人海戦術です。ジャンボ機だと20人くらいの作業員で4時間かかるといいます。そのときに使われる水の量はおよそ20トンです。

日本航空は1988年、新東京国際空港においてコンピュータ制御の航空機自動洗浄機装置を導入しました。現在、この自動洗浄機と手作業を併用しているとのことです。自動洗浄機でも部位によってはなかなか汚れが取れないものもあるため、最終的には人手に頼らなければいけないようです。

自動洗浄機で落ちない汚れは人が洗浄する

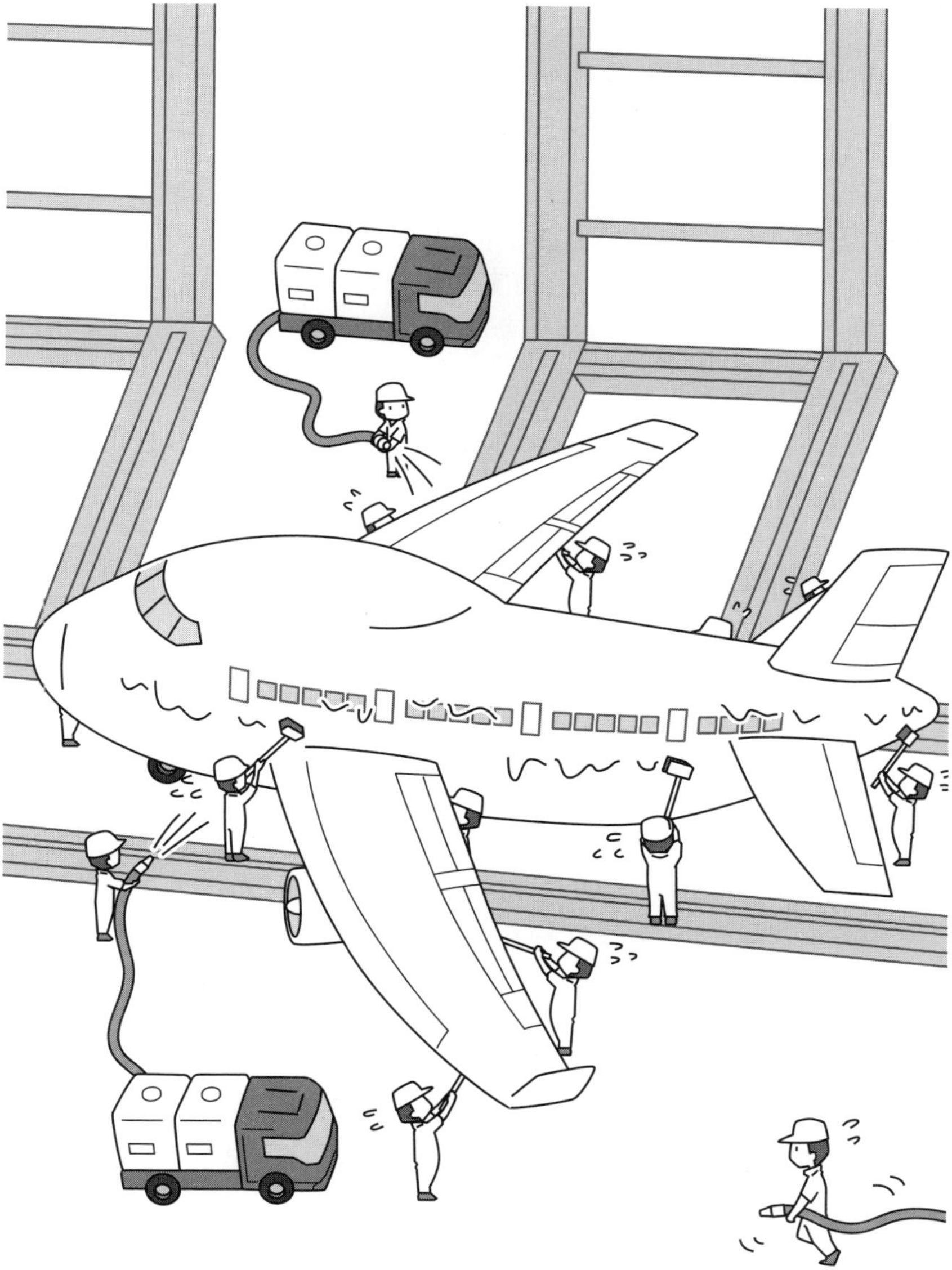

COLUMN

パイロットの鞄（バッグ）には何が入ってる？

空港を制服姿で颯爽と歩くパイロット。みんな、重そうなバッグを持っています。そのバッグは、どのパイロットも同じような形で、色もだいたい黒です。パイロットバッグとかフライトバッグという名前がついているほどです。１個の場合もあれば、２個のバッグを両手に持っている場合もありますが、気になるのはその中身です。あの重そうなバッグには、何が入っているのでしょうか。

２個のバッグを持っているのは、泊まり便、つまり行く先のホテルで泊まりになる場合です。この場合、１個は宿泊に必要な洗面道具や着替えなど日用品です。　普通、私たちが出張や小旅行に出かけるときに持って出る程度のものを考えればいいと思います。
気になるのは、もう１個のバッグです。

このバッグには、飛行に必要な書類が入っています。フライトプランや気象情報などの必要情報が詰まっているのです。これらは、航空法に定められたもので、各航空会社はそれぞれ運航規定というマニュアルがあり、パイロットが乗務時に携帯すべき書類などが定められています。

パイロットバッグ、つまり必要書類なしに飛行することは航空法の違反です。パイロットがバッグを忘れたら、飛行機は飛べません。パイロットにとって航空法はもちろん、航空会社自身の運航規定などのルールは、絶対に守らなければならないものなのです。

身近にある車を運転するときの規則とは違います。駐車違反やスピード違反のような違反も飛行機の場合は大事故につながることもあります。パイロットにとって規則やルールは絶対に守らなければならないことなのです。こうした姿勢が空と飛行機の安全を確保しているのです。

パイロットのバッグの中身、それは飛行の安全を保障するものが詰まっているのです。

9章

飛行機の安全のために

飛行機の安全対策

飛行機の安全運航のために多くの法律や制度があります。こうした法律や制度に従って航空機の安全運航が守られています。また、各航空会社は乗員の教育、訓練においても、緊急時の訓練を定期的に実施するなど安全対策に多くの時間を費やしています。

運航規定を設定して大臣の認可を受ける

飛行機の安全、円滑な運航を実施するために、航空運送業を営むものは運航規定を設定して国土交通大臣の認可を受けることが航空法によって義務づけられています。

運航規定は、運航業務に関する基本方針、実施基準、実施規則などが定められています。航空局の指針と航空会社の方針に基づき設定されており、運行管理・運航基準、地上運航従事者の業務内容、乗員編成や乗員の任務・訓練・審査、運航可能な気象条件に関する基本事項、緊急対策などが盛り込まれています。

離着陸できる気象条件が決められている

飛行機の運航に一番大きなな影響を及ぼすのが大気の状態、つまり気象です。そのため、文字や図、画像などいろいろな形でパイロット、管制官、運航管理者など航空関係者に通知されます。

また、飛行機が安全に飛行場に離着陸できる最低の気象要素の値である飛行場最低気象条件が決められていて、その条件未満の気象状態での離着陸は禁止されています。

航空交通管制と航空保安施設

飛行機が安全で効率的に飛行できるように各国は責任を持って、航空交通管制業務、飛行援助業務、航空業務を行っています。

なかでも重要なのが航空交通管制です。管制業務には、航空路管制、進入管制、ターミナル・レーダー管制、着陸誘導管制、飛行場管制があります。

飛行機の安全運航を支えるものに、航空保安施設があります。航空保安施設とは、電波、灯光、色彩または形象により飛行機の運航を支援するための施設です。航空保安無線施設、航空灯火、昼間障害標識に分けられます。

安全運航のためにさまざまなしくみを整えている

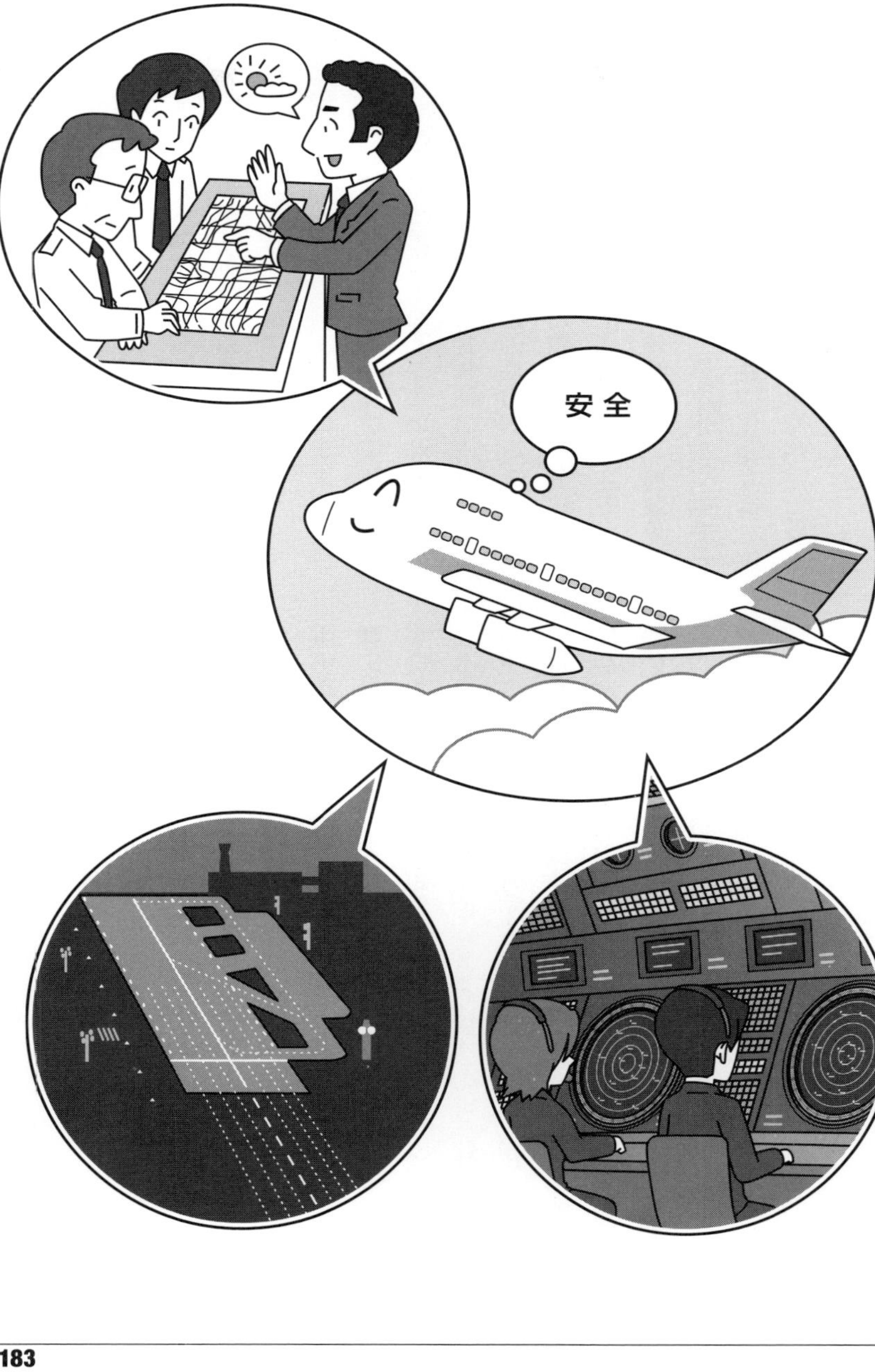

衝突予防策

飛行機には多くの衝突予防のための対策がなされています。その基本的なものが航空交通管制機関によるコントロールです。また、航空機には衝突防止装置や対地接近警報装置の装備が義務づけられており、2重、3重の安全対策が施されています。

航空管制業務

航空機の安全、効率的な運航のための支援業務が航空交通業（ATS：Air Traffic Service）といわれるものです。

その目的は、衝突予防・航空交通の秩序ある流れの維持・飛行場区域内にある障害物との衝突予防・各種情報の提供と助言・捜索救難の5つです。

業務は、航空交通管制業務、飛行情報業務、警急業務に分けられます。その要となるのが航空交通管制業務（ATC：Air Traffic Control）です。航空機相互間の安全間隔を決める、離着陸や進入降下の指示を出す、レーダーによる誘導によって航空機の担当区域内における飛行機の空中衝突や飛行場での衝突予防と安全、効率的な運航を守る、などの業務です。

こうした航空交通管制業務を行うのが航空管制官です。

衝突防止装置と対地接近警報装置

現在の飛行機にはTCASと呼ばれる空中衝突防止装置の装備が義務づけられています。これは、周辺の航空機に対して質問信号を発し、その応答信号によって、相手機の方位、高度や距離を知るものです。

この情報をもとに相手機との衝突の可能性を判定し、パイロットに警告を発するしくみです。

対地接近警報装置は、飛行機が操縦可能な状態にあるにもかかわらず、地面や水面に衝突する事態を避けるための装置です。高度、速度、降下率、フラップ角度や車輪の位置などの情報をもとに、そのまま飛行を続ければ飛行機が地面や水面に衝突する危険がある場合に、GPWSがパイロットに警告を発し、衝突事故を予防するしくみです。

飛行機に装備されているTCAS(衝突防止装置)によって事故を回避する

非常用装備1

非常用装備とは、万一事故が発生した場合、乗客が無事に脱出し、救出されるための装備品です。

非常用備品には、緊急脱出用装備、救命装備品、緊急信号装置、救命キット、非常灯、非常脱出通路標識があります。ほかにも、客室内で火災が発生したときに備え、消火器や急病人発生時の緊急医療用の医薬品やポータブル酸素が機内の所定の場所に装備されています。

使い方や、収納場所は座席にある「安全のしおり」に書かれています。

緊急脱出用装備

緊急不時着した場合、安全に機外に脱出するための装置が緊急脱出スライドと脱出用ロープです。これらは90秒以内に全員が脱出できるように、非常口が開くと同時に高圧ガスによって自動的に10秒で開き、滑り台の形になるように設計されています。

救命装備品

救命胴衣（ライフベスト）、救命いかだがあります。

救命胴衣はその使い方を出発前に乗客に説明することになっています。救命胴衣は大人用と子供用の2種類があります。大人用は各座席の下に、子供用は大人用の予備と合わせて機内の所定の場所に収納されています。

緊急信号装置

遭難した場合に所在を知らせるためのもので、白色吊光弾、赤色の煙弾、パワーメガホン、緊急無線標識が装備されています。緊急無線標識は電源を入れると救難信号電波や国籍記号電波を自動的に発信します。

救命キット

薬品や緊急手当用器具類です。内容や搭載個数などは法律で細かく決められています。

非常灯

夜間などに不時着した時に機の内外を照らす非常用証明です。電源は独立した非常用電源で作動します。

非常脱出通路標識

夜間や煙で機内の視界がよくないときに通路を確認するための非常用照明です。蓄電光の標識が一般的です。

90秒で全員が脱出できるように設計されている

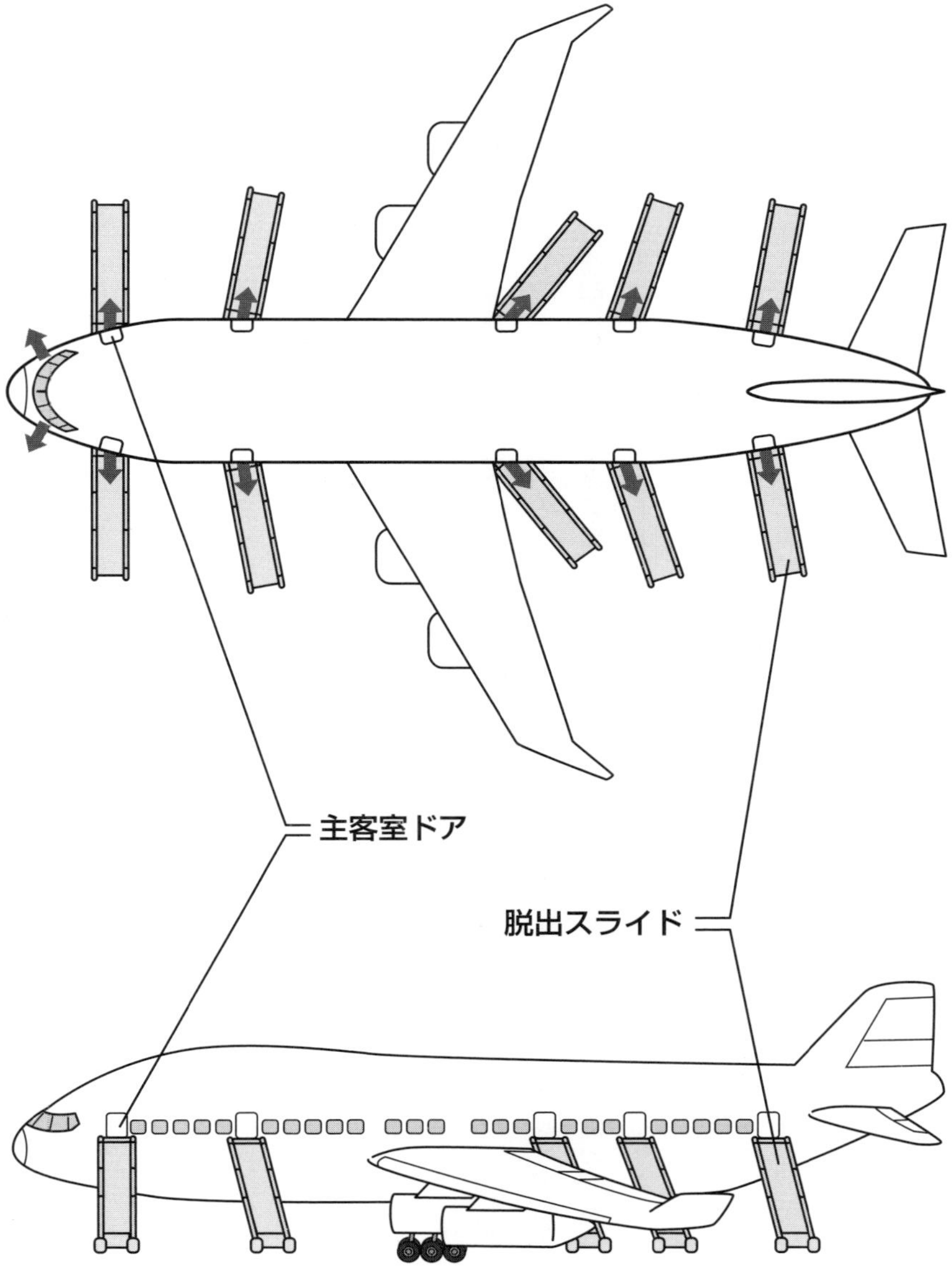

非常用装備2――酸素マスク

旅客機の巡航高度は1万mです。こうした高い高度では空気が希薄なので、与圧システムによって機内を地上に近い状態に保っています。万一与圧システムに異常が発生した場合、飛行機は安全高度と呼ばれる1万3000フィートまで高度を下げます。安全高度まで降下する間、乗客乗務員全員に酸素を供給するための装置が酸素マスクです。

緊急時には自動で下りてくる酸素マスク

与圧が故障する、あるいは機体に穴が開いた場合、機内の圧力低下と酸素不足になります。客室内の与圧が0・7気圧以下になると自動的に酸素マスクが乗客の前に下りてくるしくみになっています。コクピットの操縦士用の酸素マスクは必要なときに操縦士が取り出して使えるようになっています。

酸素マスクには、安全高度まで降下するまでの間に必要な量の酸素が準備されています。幼児用の予備マスクは別途備えられています。また、化粧室内やギャレー内にも酸素マスクは装備されています。

酸素が不足すると、人間の脳や他の機能に影響を及ぼします。この状態を、低酸素症（ハイポキシャ）といいます。低酸素症の症状は、夜間視力の低下、視野が狭くなる、指の爪と唇が青色になるなどがあります。低酸素症は自分で認識することが難しいのですが、酸素を吸入することで防止できます。

飛行機の中は、与圧システムによって地上に近い状態にしてありますが、まったく同じというわけではありません。地上よりも若干気圧が薄くなっています。およそ4500フィート（1368m）の高度の気圧に設定されています。これは、ちょっとした山の高さに相当します。この機内の低い気圧は脳に対するアルコールの効果を増します。言い換えれば、地上より飛行中の旅客機の中で飲むお酒は、アルコールの周りが早いのです。少量でも普段より酔いが早いわけです。最近、エア・レイジ（機内暴力）の取締りが厳しくなっています。機内で迷惑をかけないように、気圧と酔いの関係を考えて、機内のお酒はほどほどにしましょう。

各席に装備されている酸素マスク

飛行機にある医療品、医薬品

旅客機には、一般的な家庭用常備薬から応急処置を行うための医療品・医薬品が装備されています。聴診器や血圧計もあります。これらは、救急箱、簡易薬品ケース、メディカルキット、ドクターズキット、レサシテーションキットと呼ばれています。

客室乗務員は、機内で発生した急病に迅速、的確に対処できるように救急看護の基礎的な訓練を受けており、人工呼吸や心臓マッサージもできます。

救急箱

創傷、切傷、打撲傷などの外傷の応急処置を行うための医薬・医療品です。非常用装備品として機内に装備することが義務づけられています。

簡易薬品ケース

使用頻度の高い家庭用常備薬が入ったケースです。風邪薬、乗り物酔い止め薬、胃腸薬、目薬などがあります。

メディカルキット

切傷、捻挫、火傷などの応急処置を行うための医療・医薬品です。このほか、聴診器、血圧計、人工蘇生機と呼ぶ人工呼吸を行う場合の補助器具などの医療器具が入っています。

ドクターズキット

急病人が発生し、乗客の中に医師がいる場合に使用する医薬・医療品です。一部を除き、医師でないと使用が許されません。医薬品には各種注射液、錠剤があります。医療器具類には注射器、注射針、点滴セットなどがあります。ドクターズキットは、国土交通省航空局長通達によって、国際定期便に装備されています。航空会社によっては、ドクターズキットの一部を国内線にも装備しています。

レサシテーションキット

気道内異物を除去し、気道を確保するための医療器具や聴診器、血圧計、ペンライトなどが入っています。国際線に搭載されています。

一部客室乗務員が取り扱える器具もありますが、基本的にドクターズキットと同じように医師が使用する医療品です。

家庭用常備薬から医師用の医療器具までさまざま

- ▶ドクターズキット
- ▶メディカルキット
- ▶レサシテーションキット(国際線のみ)
- ▶AED
- ▶救急箱
- ▶簡易薬品ケース
- ▶MedLink Service(国際線のみ)

◎ドクターズキットの内容

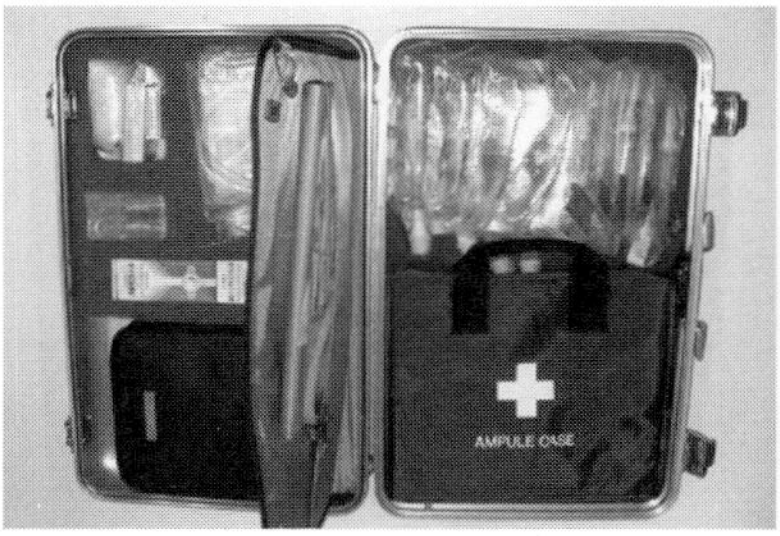

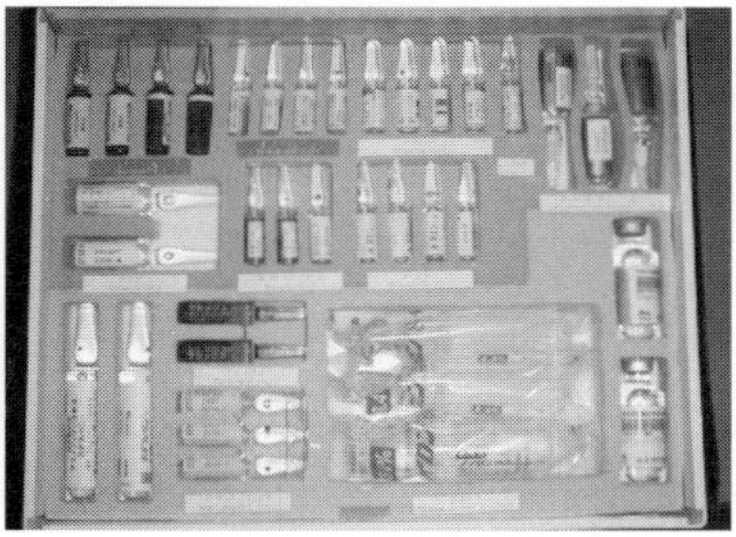

▲アンプルケース

急病人が発生した場合に乗り合わせた医師が使用可能な応急措置用の医薬・医薬品(点滴、注射液など）を搭載しています
国際線と国内線では内容品が若干異なります
航空法および航空局通達により搭載を義務づけられています

飛行機の燃料

ジェット旅客機の燃料は、家庭で「石油ストーブ」などに使うのと同じ灯油です。ただし、一般に使われている灯油は水分の含有量が多く、マイナス50度にもなる1万m上空では、灯油の水分が凍りついてしまいます。そこで、灯油より純度の高い水分の少ないものが使われます。これをケロシンと呼びますが基本的には灯油と同じだと考えていいでしょう（140ページ参照）。

ジャンボジェット（B747－400）の最大離陸重量は約400トンあります。離陸時の燃料は約170トンと総重量の40%もあるわけです。180リットルのドラム缶にすると1000本にもなります。この燃料タンクは、主翼の中にあるので、貨物や旅客のためのスペースの邪魔になりません。

ジャンボジェットは、燃料を最大で200～230トン搭載できます。しかし、離陸時の最大重量が決まっていますから、燃料を多く積むとその分、貨物や旅客を減らさなければなりません。かといって少ないと安全上の問題があります。燃料は必要最小限の量の搭載、かつ安全を考えて計算されます。それでは、どうやって燃料の搭載量は決められるのでしょう。

燃料搭載量の決め方

燃料の最低搭載量の基本的な考え方が航空法によって決められていて、それに従って計算されます。①離陸して目的地空港に到着するまでに必要な量、②目的地に到着できなかったときのために設定してある「代替空港」までの飛行に必要な量、③「代替空港」の上空で空中待機することを考慮した量、④以上①～③の合計量に、さらに定められた計算誤差を補うための予備燃料、⑤空港など地上で消費する燃料。

ちなみに、ジャンボジェットの最大離陸重量は400トン、最大着陸重量は約280トンです。到着時までに燃料を消費するのでちょうどよくなるわけですが、緊急に着陸することになると燃料が未消費のため最大着陸重量を超えていることもあります。その場合、燃料放出装置を使って燃料を空中に放出し、機体を軽くしてから着陸します。

搭載する燃料の量は航空法に基づいて計算

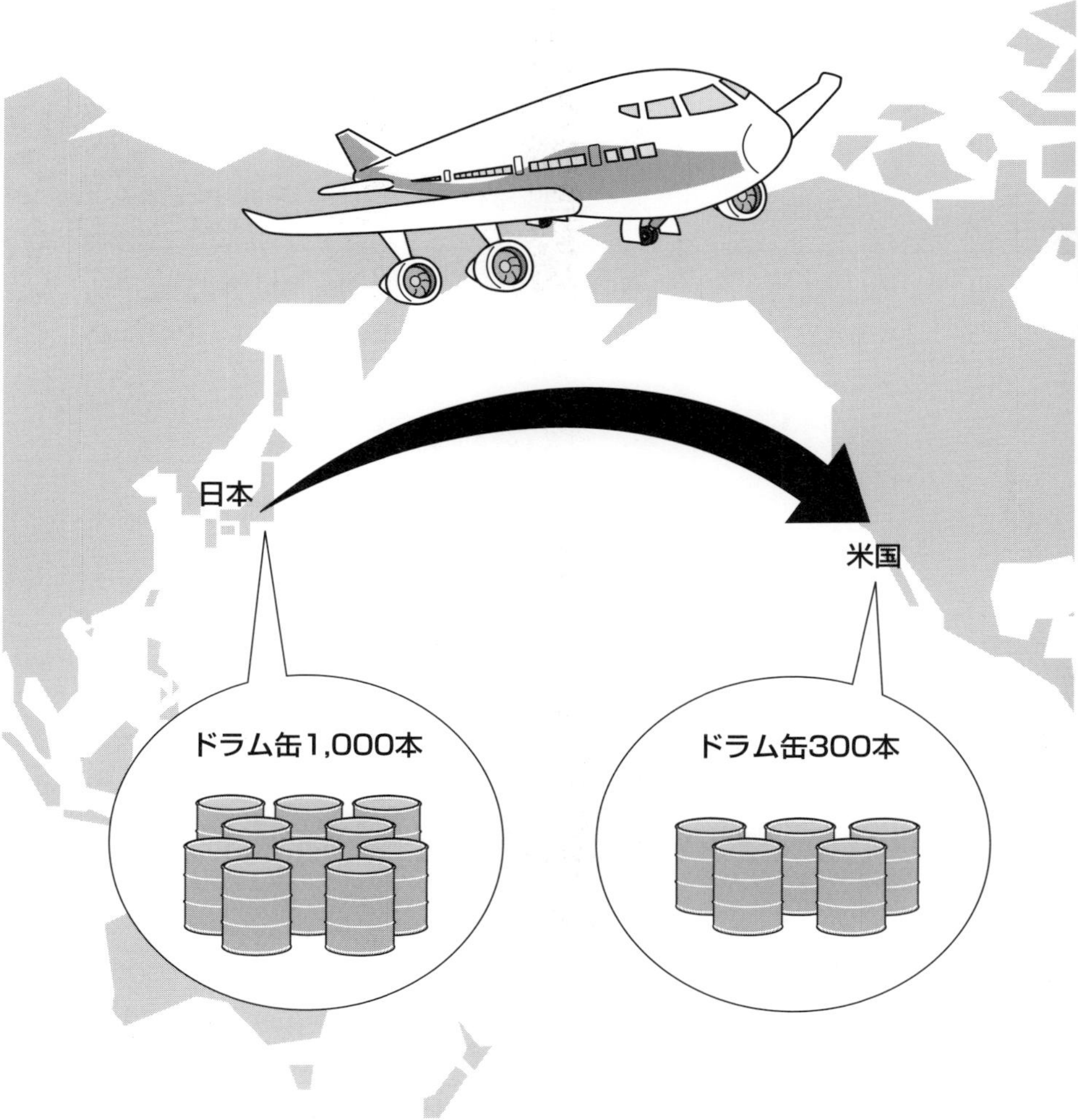

07

ハイジャック対策

ハイジャックとは、飛行機を乗っ取り、自分の言い分を通すことです。もっとも卑劣な行為といえるでしょう。ハイジャックが頻発するようになったのは1968年以降のことです。こうした事態を受けて、国際民間航空機関（ICAO）はオランダのハーグ会議で「ハイジャック防止法」を採択しました。その後、各国において航空機を利用する乗客の手荷物検査を実施するようになりました。

9・11以降、米国路線の検査は厳しい

2001年9月11日、米国同時多発テロ（いわゆる9・11）が発生しました。航空機を乗っ取り世界貿易センタービルに突っ込むというもので、多くの人が犠牲になりました。これを受けて、米国では、スカイマーシャルというセキュリティ要員を全便に搭乗させています。スカイマーシャルは連邦セキュリティ官で、私服で武装し逮捕権も持っているというものです。同様な制度はドイツやイスラエルも採用しています。

また、コクピットのドアの強化や手荷物、身体検査のさらなる強化が図られています。検査のために航空会社に預ける荷物は鍵をかけてはいけないなど、特に米国の航空会社や米国路線に就航する便の検査体制は厳しくなりました。米国に入国の際には指紋チェックも行うなど、米国への入国審査も厳しくなっています。

日本で起きたハイジャック事件

日本のハイジャック事件は、1970年3月、田宮高磨ら9人赤軍派学生らによる羽田発福岡行き日航機「よど号」の乗っ取りが最初です。日本刀で武装した学生たちが「よど号」をハイジャックして北朝鮮へ亡命しました。その後、日本赤軍によるテロ、ハイジャック事件が多く発生しました。1972年5月テルアビブ空港乱射事件、1973年7月パリ発東京行き日航ジャンボ404便ハイジャック事件などが起きました。

当時の福田内閣は「人の命は地球より重い」といって超法規的措置でハイジャック犯の要求を受け入れました。

9.11を契機にテロ対策は強化された

なぜ航空機事故は起きる？

2003年現在の民間旅客機は1万8000機、年間運航便数は1690万便です。利用者は25億人にも上ります。航空機事故による犠牲者は600人です。ちなみに、1947年の輸送旅客数は9000万人、犠牲者は同じく600人でした。このことから、飛行機の安全性が向上していることは確実です。これをもってどの交通機関より飛行機が安全といわれています。

しかし、2015年には航空機は2万3000機になり、現状の割合で推移すれば、航空機事故は年間50件になるとの予測があります。これは、週に1回世界のどこかで航空機事故が発生していることになります。

乗員による事故が7割

航空機事故はどうして起こるのでしょうか。ボーイング社による分析があります。1976年から1985年までの10年間の民間ジェット機の全損事故で、事故原因がわかっている130件について分析した結果、乗員によるものが全体の70％を占めているといいます。次いで、機体と整備が合わせて15％、気象に起因するものが6％、空港や管制によるものが5％となっています。

事故を起こすのは基本的には人間です。航空機事故の大部分は操縦ミスなどの人事的ミスが原因です。航空専門家の加藤寛一郎氏は、「乗員が飛行機を信頼しすぎていることが事故につながっている」といっています。

着陸直後の11分が危険

事故の統計は、着陸時の事故が最も多いことを示しています。「クリティカル11ミニッツ」（魔の11分）といわれるのは、その結果です。

また、大型機の着陸回数当たりの事故件数は、短中距離機に比べて3倍あります。これは、長距離路線を飛行する乗員は、近距離路線の乗員に比べて離着陸する機会が少なく、離着陸の技能不足になることが原因といわれています。また、大型機は離着陸に要する滑走距離が長くなることも原因として挙げられています。

事故の種類は、操縦不能、対地衝突、空中衝突、機内火災、燃料タンク爆発等が上げられます。このうち、操縦不能と対地衝突で全体の65％を占めています。

全損事故の原因の比率（1992〜2001年）

乗務員	66%
航空機	14%
天候	9%
空港／管制	3%
整備	3%
その他	5%

事故の種類と死者の割合（1992〜2001年世界の全損事故累計）

操縦不能	34%
対地衝突	31%
空中衝突	7%
機内火災	5%
燃料タンク爆発	3%
着陸	3%
離陸性能	2%
防除氷	2%
ランウェイ・インカーション	2%
ウィンドシアー	1%
その他および原因不明	10%

全損事故における死亡者数（1992〜2001年累計）

原因	人数
操縦不能	2371
対地衝突	2152
空中衝突	506
機内火災	339
燃料タンク爆発	231
着陸	192
離陸性能	140
ランウェイ・インカーション	121
防除氷	108
ウィンドシアー	91
その他および原因不明	675

出典：『機長が語るヒューマン・エラーの真実』杉江弘著、ソフトバンク新書

COLUMN

オープンスカイって何？

国際航空業界は、国際民間航空機関(ICAO)及び国際航空運送協会(IATA)を軸とする体制によってなり立っています。1944年に52ケ国がシカゴに集まって結ばれた協定が元になっていることから「シカゴ体制」といわれています。

これは、『航空輸送サービスは2国間による協定による』というものです。輸送量、路線、使用する空港や輸送価格などは当該2国間の交渉によって決まるというものです。ニュースで「日米航空交渉」が報じられるのもこのためです。

1970年代以降、米国は航空輸送の規制緩和、自由化を推進するようになりました。航空路線の開設、輸送量や空港使用などにおいて政府の規制を排除し、どの航空会社がどの空港を使うか、どういう路線で営業するかなどを市場とその需要にゆだねようとするものです。これを、「オープンスカイ」政策といい、経済がグローバル化、自由化する中で世界的に拡大しています。

少し古いデータですが、2004年までに実施されているオープンスカイ協定は世界の約80ケ国・地域にのぼります。その後も拡大しています。

2007年4月には米国と欧州連合(EU)で「オープンスカイ協定」が締結されました。その結果、2008年春には米国とEUのすべての航空会社は、双方全ての都市に航空路線を自由に開設できるようになりました。この協定には、航空投資の制限撤廃なども織り込まれており、大西洋間の航空市場の再編、競争の激化と運賃の低下やサービスの向上が期待されています。

欧米間の航空交通量は世界最大であり、世界の航空政策への影響も大きいと考えられています。日本もこうした業界の動向や米国の圧力もあり、オープンスカイ政策の採用は避けられないでしょう。政府の航空行政にかかわらず、航空会社は自らの判断で協定締結相手国と自由に路線を開設、使用空港を決めることが可能になります。同時に協定相手国の航空会社も日本に自由に乗り入れることが可能になります。

10章

航空業界のしくみ

01

シカゴ体制と航空の5つの自由

航空機の発達を背景に、1919年パリ条約において領空主権が成文化されました。「すべての国は、自国の領空に関する完全な主権を有する」と規定されました。この領空主権主義の下における商業航空権の基本が「5つの自由」です。

第一の自由は、ある国の領域を無着陸で横断飛行する、上空通過権。第二の自由は、貨客等の積み卸しをしない、着陸権といいます。第三の自由は、自国から相手国に向けた輸送の自由です。第四の自由は、相手国から自国に向けた輸送の自由です。そして第五の自由とは、相手国と第三国間で行う貨客の輸送を行う自由をいいます。

現在の国際航空体制の基礎となっているシカゴ条約では、これらの「5つの自由」のうち、第一と第二の自由のみ規定されているにとどまり、それ以外は、相互に航空路を開設する二国間での航空交渉にゆだねられることになっています（二国間協定）。

1944年11月、国際民間航空の基礎作りを目的に米国の提唱で52ケ国が参加して行われた会議において、国際民間航空条約（シカゴ条約）や上空通貨協定（国際航空業務通過協定）などが決められました。ここで、戦後の国際航空体制の基礎ができました。そこで、シカゴ条約、二国間協定、ICAO（国際民間航空機関）、IATA（国際航空運送協会）などに基づく国際航空運送事業を「シカゴ体制」と一般的に呼んでいます。

しかし、戦後60年以上が経ち世の中のしくみが大きく変わっている中で「シカゴ体制」も揺らいでいます。

特に、米国は1978年に施行された航空規制緩和法以降、航空自由化を推進していて、なかでも「オープンスカイポリシー」を積極的に推進しています。これは、国際空港の路線修正、便数や運賃設定等に関して自由で制限のない立場を取るべきという考え方、またそれを具体化した政策です。また、ヨーロッパでは、1993年15ケ国でスタートしたEUは、2007年初には27ケ国にまで拡大し、EU域内においては航空自由化が進んでおり、欧州や米国の動きがこれまでの「シカゴ体制」の変化を迫っています。

商業航空権

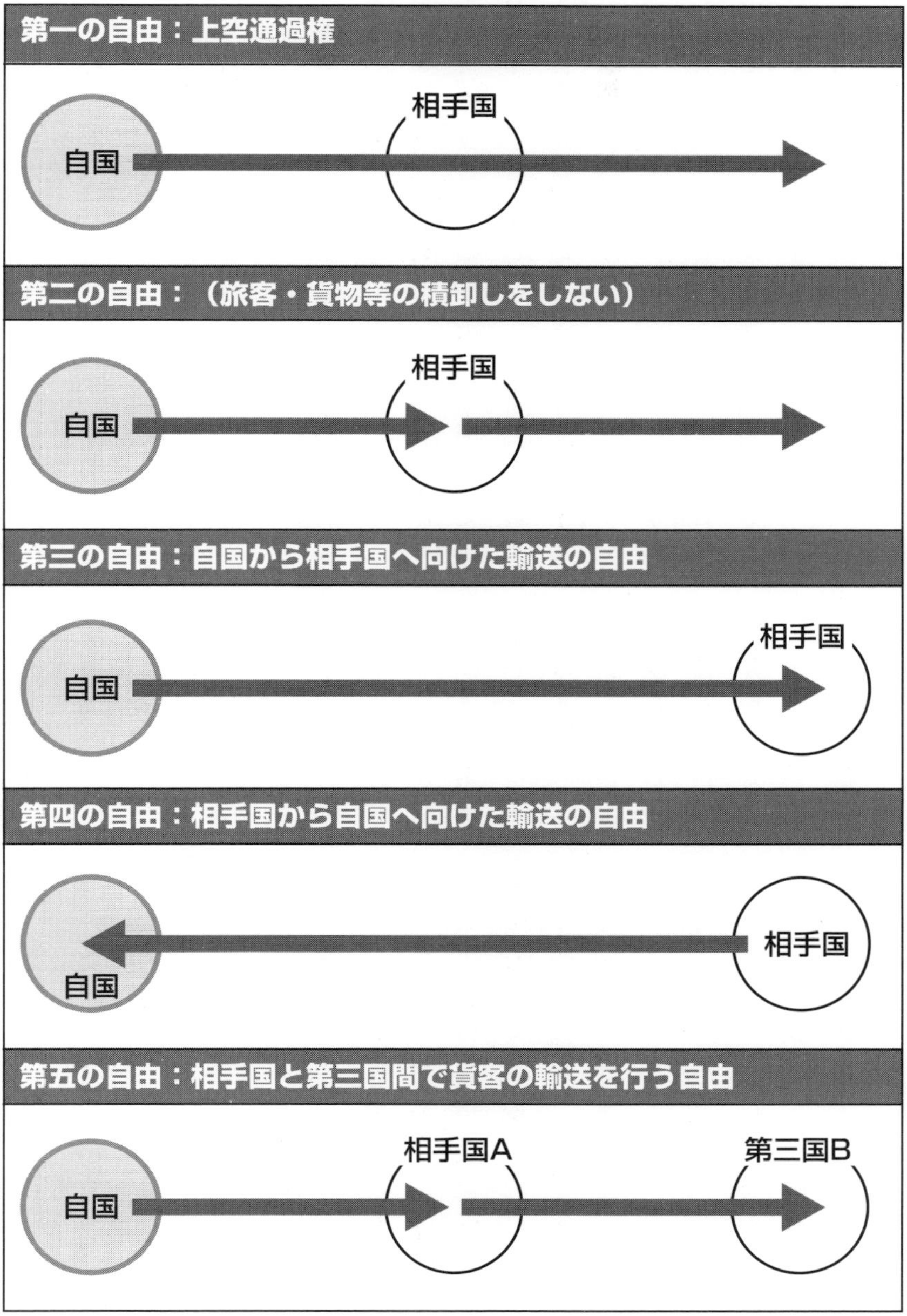

第一の自由：上空通過権
相手国
自国
第二の自由：（旅客・貨物等の積卸しをしない）
相手国
自国
第三の自由：自国から相手国へ向けた輸送の自由
相手国
自国
第四の自由：相手国から自国へ向けた輸送の自由
自国
相手国
第五の自由：相手国と第三国間で貨客の輸送を行う自由
相手国A
第三国B
自国

ＩＡＴＡ：国際航空運送協会

ＩＡＴＡは民間航空会社の協会

ＩＣＡＯ（International Civil Aviation Organization 国際民間航空機関）が国家間の機関（現在は国連の一専門機関）として設立されたのに対して、ＩＡＴＡは民間航空会社の協会として、１９４５年バハマで開催された世界航空企業会議で結成された民間航空事業に携わる定期航空会社の国際組織です。

国際民間航空機関（ＩＣＡＯ）加盟国の国際定期航空会社を正会員、それ以外のものが準会員となっています。モントリオールに本部が、ジュネーブに支部が設置されています。日本の航空会社では、ＪＡＬとＡＮＡが正会員として加盟しています。

会員数は、およそ１２０ケ国から約２７０社です（２００4年9月現在で、正会員２５１社、準会員17社）。また、会員ではないものの連帯輸送の契約を結んでいる航空会社も60社ほどあります。

ＩＡＴＡの目的

ＩＡＴＡの目的は次の3点にまとめられます。

①安全、定期的かつ経済的な航空運送を助成、航空による商業を助長、関連諸問題を研究
②国際航空業務に直接及び間接に従事する航空企業間の協力のための手段の提供
③国際民間航空機関及びその他の国際機関への協力

ＩＡＴＡの主要機構と役割

年次総会、理事会、常設委員会があります。年次総会はＩＡＴＡの最高議決機関で、年1回開催されます。総会の下に理事会があり、事実上の最高機関として機能しています。会員の加入や脱退はここで取り扱われます。

常設委員会には、技術・財務・運送の３つがあります。なかでも運送委員会は運送会議の議事運営委員会であり重要な役割を担っています。

航空運送に関する条件（運賃、運送規則など）など、加盟航空会社間の協定が話し合われるほか、運賃やその関連事項もこの会議で協議されます。また、航空会社間の金銭的貸借関係の清算もＩＡＴＡの大きな役割です。

航空会社の国際組織

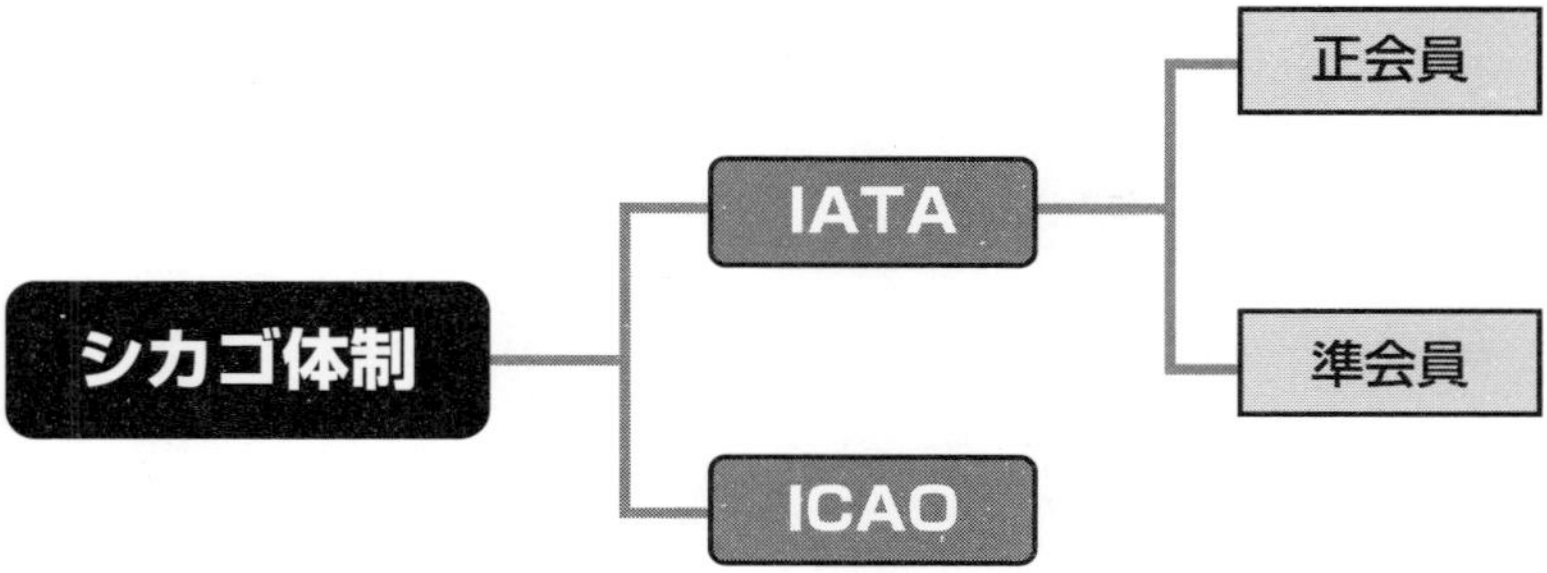
シカゴ体制
IATA
ICAO
正会員
準会員

IATAの役割
運賃後払制度
銀行清算方式
旅客運賃

ＦＦＰ（マイレージサービス）

「マイレージ」で顧客を囲い込む

ＦＦＰ（Frequent flyers program）、マイレージプログラムとも呼ばれるサービスは、搭乗した距離（マイル）に応じて無料航空券などの特典を提供する顧客サービスのことです。航空会社による、航空機をよく利用する優良顧客の囲い込み戦略です。

１９８１年米国で航空自由化による激しい競争の中で生まれました。１９８２年にアメリカン航空、次いでユナイテッド航空が導入し、その後世界中の航空会社に広がりました。上顧客優遇施策であるため複数回自社便を利用する顧客に対して特典が与えられるしくみになっています。登録料は無料で、一度登録すれば次回からは会員番号を知らせる、あるいは端末機に通すだけで自動的に飛行距離に応じてマイルが蓄積されるしくみです。

積算されたマイル数に応じて国内・国際無料搭乗券との引き換えや、ビジネスクラス、ファーストクラスへのアップグレードが可能になるというものです。ＦＦＰの使い勝手は、航空会社の路線ネットワークやその便数によって大きく違ってきます。ほとんどの航空会社がＦＦＰを導入する中で、ＦＦＰの優劣が競われることになります。次の3点がＦＦＰの優劣のポイントです。

①航空会社の路線ネットワークと便数
②ＦＦＰプログラムの内容
③他社に対する会員獲得先行性

ネットワークの拡大がポイント

特に、重要なのが路線ネットワークと便数です。世界の大手航空会社によるグループ化がすすんでおり、各社ともグループ内の航空会社であれば他社便でもＦＦＰを利用できるというのが普通になっています。グループ航空会社との提携によりＦＦＰのカバーするネットワークを拡大し、グループ外の他社に対してＦＦＰの優位性を保つことが可能です。また、ＦＦＰの提携先は航空会社だけでなく、ホテルやクレジットカード会社、レストラン、電話やレンタカー会社との提携で、買物をしてもマイレージポイントが加算されるものもあり、各社とも差別化のための努力が続いています。

利用者に嬉しいマイレージサービス

04

アライアンス

現代のグローバル化社会では「ヒト・モノ・カネ・情報」が世界規模で飛躍的に移動します。ヒトやモノの地球規模の移動に対応するためには航空会社も世界的なネットワークを構築しなければ生き残ることはできません。しかし、1社ですべてを網羅できるものではありません。そこで、世界の各地を代表する大手航空会社がその資産とネットワークを持ち寄り協力することで世界的なネットワークと良質のサービス体制を作り上げようというのがアライアンスです。コードシェアリングとマイレージの共通化が大きな特徴です。これによって自社の運航していない路線をカバーでき、また他社からの顧客も期待できるわけです。

現在、世界には3大アライアンスがあります。スターアライアンス、ワンワールド、スカイチームです。最大のアライアンスはスターアライアンスで、加盟航空会社は17社、ユナイテッド航空、ルフトハンザ航空、シンガポール航空など有力航空会社がメンバーです。全日空もスターアライアンスのメンバーです。ワンワールドはアメリカン航空や英国航空を中心に10社が、また、スカイチームはエールフランスなど11社がメンバーです。日本航空は、今までどのアライアンスにも加盟していませんでしたが、2005年ワンワールドに参加することを明らかにし、2007年加盟の予定です。3グループで世界の旅客輸送の6割近いシェアを持っています。

今後はアライアンス間の競争になる

コードシェアリングやマイレージの共通化だけではなく包括的な業務契約により各社の資産の有効活用とその結果コスト削減が可能になります。その結果、これからの航空会社の競争は、アライアンス間の競争ということになります。アライアンスに属さない航空会社は非常に不利になることから、世界の航空業界は、2社間の共同運航からアライアンスによるグループ化がますます進展すると予想されます。現在のアライアンスは旅客のみですが、貨物についてもグループ化の動きが出ています。会員企業は必ずしも同じでないところが今後の問題となるでしょう。

世界の3大アライアンス

スカイチーム

- アエロフロート
- アエロメヒコ
- エールフランス
- KLMオランダ
- アリタリア
- コンチネンタル
- 中国南方航空
- チェコ
- デルタ
- 大韓航空
- ノースウエスト

ワンワールド

- アメリカン
- ブリティッシュエアウェイズ
- キャセイパシフィック
- フィンエアー
- イベリア・スペイン
- 日本航空
- LAN
- マレヴ・ハンガリー
- カンタス
- ロイヤル・ヨルダン

スターアライアンス

- エア・カナダ
- ニュージーランド
- 全日空
- アシアナ
- オーストリア
- bmiブリティッシュミッドランド
- LOTポーランド
- ルフトハンザドイツ
- スカンジナビア
- シンガポール
- 南アフリカ
- スパンエアー
- スイスインターナショナルエアラインズ
- TAPポルトガル
- タイ
- ユナイテッド
- USエアウェイズ

45・47体制

85年までは3社で棲み分け

第2次世界大戦後、日本の航空主権が回復し、1952年国策会社として日本航空が設立されました。その後、全日空の全身である日本ヘリコプターなど多くの民間航空会社が設立されました。その結果、民間会社の乱立で多くの会社が経営的に苦しみ、合併を余儀なくされました。

こうした中で、1972（昭和47）年、運輸大臣通達「航空企業の運営体制について」が出されました。これが「航空憲法」あるいは「45・47体制」と呼ばれるものです。この「航空憲法」が、その後の日本の民間航空事業の方向を決定付けました。昭和45年閣議決定、同47年通達されたのでこう呼ばれています。1985年に廃止されるまで続きました。

内容は、左の図のように3社の事業分野の棲み分けを行うものでした。航空憲法のもとで、3社は一定期間発展、成長を遂げてきましたが、米国における航空分野の規制緩和が進む中、状況が変わってきました。全日空と海運会社によって貨物航空専門会社である日本貨物航空（NCA）が設立され、1985年には米国に乗り入れを開始したのです。

運輸政策審議会は、航空憲法の見直しの中間答申を運輸大臣に提出しました。内容は、国際線に日本航空以外の日本の航空会社の参入を認めること、日本航空の完全民営化、国内線の競争の促進のため一路線に複数の航空会社の航空路開設を認める、というものでした。

自由化によって多くの航空会社が誕生

1985年12月に政府が航空憲法の廃止を閣議決定したことで、日本の航空事業は自由化に向かって歩み始めました。全日空は国際線に進出を果たし、NCAから撤退、日本郵政公社と共同でANA&JPエクスプレスを設立し、新たな貨物輸送への取り組みを始めました。一方、NCAは日本郵船の完全子会社として再スタートを切りました。1990年台以降、多くの航空会社が誕生しました。

45・47体制の主な内容

日本航空

国際線

国際線と国内線、国際航空貨物を担当

全日空

国内幹線

国内幹線およびローカル線と近距離国際チャーター便の充実

東亜国内航空

国内ローカル線

国内ローカル線および一部幹線の運航

日本の航空会社の歴史

日本の民間航空の歴史は、１９２２年、日本航空機輸送研究所による水上機を使った大阪／徳島間の郵便輸送によって幕が開きました。続いて、朝日新聞社の東亜定期航空会社と川西機械の日本航空株式会社が宣伝飛行と郵便輸送を開始します。

このように、初期の航空事業は宣伝飛行や郵便輸送から始まり、旅客輸送へと拡大していきます。１９２８年、国策会社である日本航空輸送株式会社が設立され、戦時下において民間航空事業は姿を消すことになりました。

第２次世界大戦終了後は米軍による占領統治下にあり、ＧＨＱによって日本人による航空機の運航は一切禁止されました。

前出のように、１９５２年に日本の航空主権が回復し、国策会社として日本航空がスタートします。日本航空の設立と相前後して、民間航空会社が多数設立されました。全日空の前身である、日本ヘリコプター輸送もこの時期に設立された会社です。１９４７年の運輸大臣通達のいわゆる「航空憲法」によって、日本の航空会社は日本航空、全日空、東亜国内航空の３社体制が長く続きました。

１９７０年代末、米国航空分野の規制緩和の流れが日本にも押し寄せ、１９８５年航空憲法が廃止され、日本の航空業界も自由化へと向かって進み出しました。全日空は、国際線へと乗り出します。

自由化で生まれた航空会社

自由競争の中で消えて行く航空会社がある一方で新たに設立される航空会社も出てきました。新たに設立された航空会社には、１９９６年北海道国際航空（エアドゥ）、スカイマークエアラインズ、１９９７年スカイネット・アジア航空、２００２年スターフライヤー、２００５年ギャラクシーエアラインズなどが挙げられます。

なかでも、ＡＮＡ＆ＪＰエクスプレスやギャラクシーエアラインズといった貨物専門の航空会社の設立に見られるように、航空貨物事業への積極的な事業参入、投資が目を引きます。これは中国やアジア諸国を中心に急増する航空貨物需要が続くことを見込んでのことです。

日本の航空会社の変遷

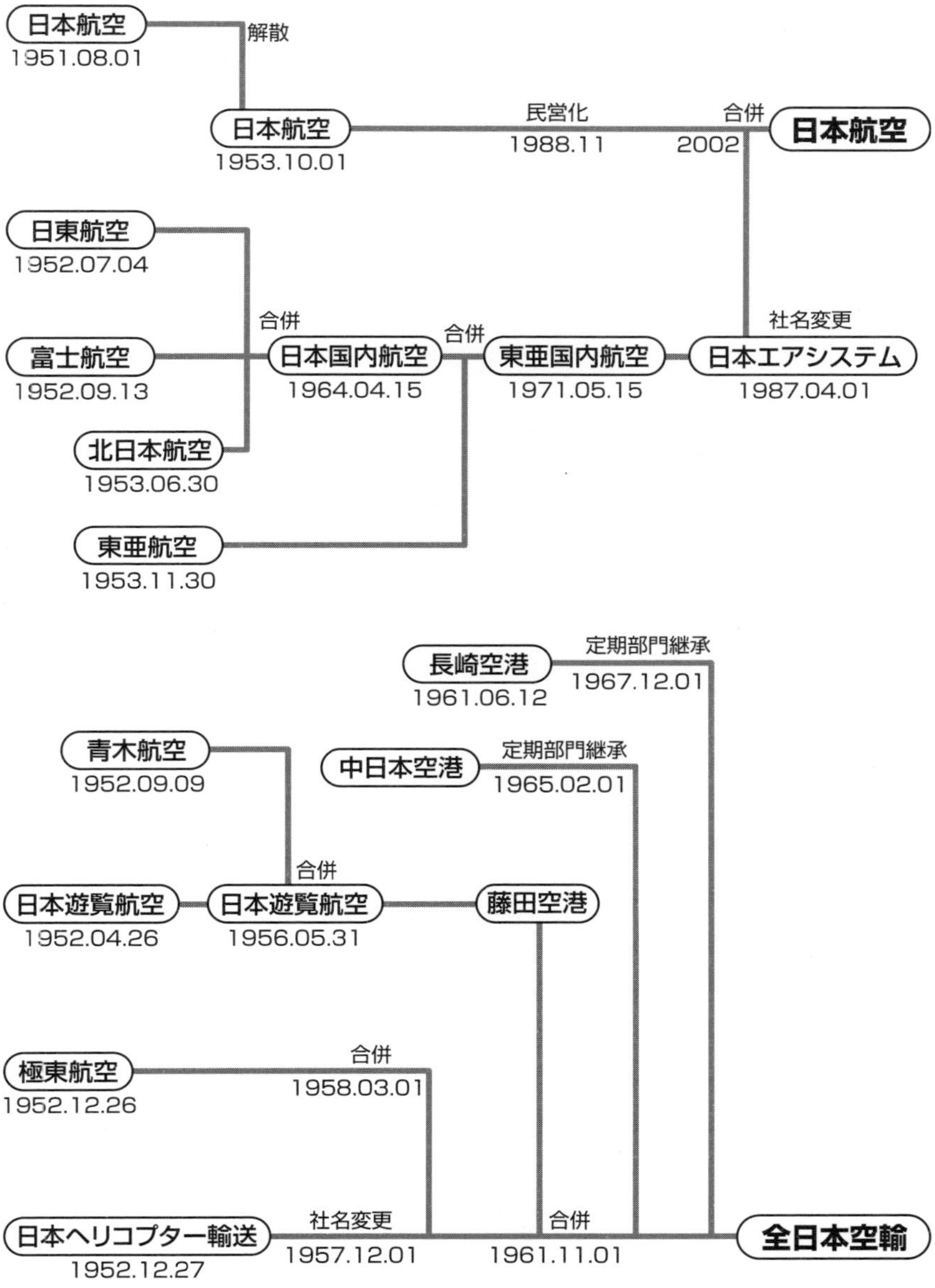

日本航空
1951.08.01
解散
日本航空
1953.10.01
民営化
1988.11
合併
2002
日本航空
日東航空
1952.07.04
合併
富士航空
1952.09.13
日本国内航空
1964.04.15
合併
東亜国内航空
1971.05.15
社名変更
日本エアシステム
1987.04.01
北日本航空
1953.06.30
東亜航空
1953.11.30
長崎空港
1961.06.12
定期部門継承
1967.12.01
青木航空
1952.09.09
中日本空港
定期部門継承
1965.02.01
合併
日本遊覧航空
1952.04.26
日本遊覧航空
1956.05.31
藤田空港
極東航空
1952.12.26
合併
1958.03.01
日本ヘリコプター輸送
1952.12.27
社名変更
1957.12.01
合併
1961.11.01
全日本空輸

付録
知っておくと便利な航空用語集

アプローチ
飛行機が着陸するための空港への進入を指す。着陸するための最終操作を開始して、滑走路末端部分（高度50フィート）に到達するまでの段階をいう。飛行機の安全運航のために多くの法律や制度があり、こうした法律や制度に従って航空機の安全運航が守られている。また、各航空会社は乗員の教育、訓練においても、緊急時の訓練を定期的に実施するなど安全対策に多くの時間を費やしている。

インターセクションテイクオフ
滑走路までタキシングしない、滑走路途中からの離陸のこと。

ウエット・リース
航空会社のリース方式のひとつで、機体、運航・客室常務員を一緒にリースする方法。

エプロン
ランプともいわれる。空港内で、飛行機を駐機させ、旅客の乗降、貨物の積み降ろしなどを行う場所。このうち、飛行機を1機ずつ駐機させる場所がスポット。飛行機がスポットを離れるとき（動き出すとき）をランプアウトという。

MCT
最低乗り継ぎ所要時間のことで、空港ごとに決まっている。

オブザベーションデッキ
空港の送迎、あるいは見学デッキのこと。

オープン
臨時便。一般に旅客臨時便を示す。

クライム
管制用語で上昇を意味する。

グランド・ハンドリング
飛行機の地上支援業務。

クリアランス
管制用語で「承認」のこと。飛行機は飛行開始前や飛行中に次の段階へ移るときに航空交通管制部の承認を受けなければ次の段階に移れない。

クリティカル11ミニッツ
航空機事故のほとんどは離陸後3分と着陸前8分に集中している。この11分をクリティカル11ミニッツと呼び、乗務員が一番緊張する時間帯。

クルージング

巡航と呼ばれます。飛行機の上昇と下降の一部を除いた定常的な飛行状態を示す。

ゴーアラウンド
着陸進入態勢に入った飛行機が、滑走路の障害など何らかの理由で着陸を断念し再び上昇すること。この場合、滑走路には接地しない。

コ・パイ
副操縦士のこと。コクピットではキャプテン（機長）が左、コ・パイが右の席に座る。

コンフィグレーション
キャビンの座席配置のこと。航空会社は、路線によってクラス毎の座席数や座席ピッチを決めている。また、コンフィグレーションは改修、変更が可能。同じ機体が翌日は別のコンフィグレーションで飛行ということもある。

CIQ
税関（Custom）、出入国管理（Immigration）、検疫（quarantine）の略。

CPS
Computer Reservation Systemの略で、コンピューターによる座席予約システムのこと。

シップ
機体のこと。シップナンバー（機体登録番号）、シップチェンジ（飛行機の変更）のように使われる。

ショウアップ
乗務員が乗務のために会社、ホテルなどの集合場所に出頭すること。

スティ
乗務スケジュールの都合で、乗務員のベースとなる都市まで戻らないで行った先で宿泊すること。

スティ・オンボード
途中経由地でトランジットルームに移動せず、機内にそのまま留まること。中近東の空港などで多く見られる。

ダイバート
悪天候などの理由で目的地の空港に着陸できないとき、別の空港に着陸すること。

タキシング
空港での地上走行のこと。スポットから滑走路まで、または着陸後滑走路からスポットへの移動をタキシングと呼ぶ。

タッチ・アンド・ゴー
着陸態勢にある飛行機が着陸を断念し、いったん接地したのち再び離陸を行うこと。ゴーアラウンドは滑走路に接地しないところがタッチ・アンド・ゴーと異なる。

タービュランス
乱気流または、乱気流による飛行機の揺れのこと。垂直や水平に風向又は風速の差によって起こるものをウインド・シアといい、雲を伴わないものを晴天乱気流（クリア・エア・タービュランス：CAT）と呼ぶ。いずれも大変予測の難しい乱気流。

ダブルトラック

同じ路線を二つの航空会社が運航していること。3社が運航している場合をトリプルトラックという。

テイクオフ

離陸のこと。飛行機が離陸滑走を開始して、一定の上昇段階に入るまでの一連の動作・状態を示す。飛行機が地上から離れる瞬間のことは「エアボーン」といって区別している。

ディセンド

管制用語で「降下」のこと。

テクニカル・ランディング

長距離飛行における燃料補給のためなどに途中、目的地以外の空港に着陸すること。このときには、乗客の乗降、貨物の積み降ろしは行われない。

デシジョン・ハイト

計器着陸システムによる進入中に、パイロットが着陸を敢行するか断念するか（ゴーアラウンド）を決定する高度のこと。

PAX（パックス）

パセンジャー（passenger）の略で乗客を意味する。

PA（パブリック・アドレス）

機内アナウンスのこと。

ピックアップ

タキシーウエィに進入すること。

VFR

有視界飛行（Visual Flight rules）のことで、パイロットが自分の目で外を監視して飛ぶ方法。この方法での飛行には空域や気象等の制限がある。

フィンガー

搭乗する旅客のために旅客ターミナルビルから桟橋のように伸びた施設のこと。

プッシュバック

飛行機がスポットから離れる場合、後方に移動すること。飛行機は自力でバックできないため、トーイングカー（索引車）の力を借りる。

フライトタイム

飛行機の車輪が滑走路面から離れて再び着地するまでの時間。飛行時間のこと。

ブロックタイム

飛行機がランプアウト（車止めを外して動き出す）から、着陸後ランプイン（ランプに入って停止）するまでの時間のことで、タキシングやトーイング中の時間も含まれる。通常時刻表に記載されている時間はブロックタイム。

ホールディング
目的空港の混雑の場合などに一時空中で待機すること。

メカニック
飛行機の整備作業を行う作業員、整備士のこと。

レベルオフ
巡航高度に達すること。

参考文献

藤石金彌著「スカイクライシス」主婦の友社
紀尾井町飛行機研究会編著「トコトンやさしい飛行機の本」日刊工業新聞社
広岡友紀著「ＪＡＬが危ない」エール出版社
坪田敦史他著「旅客機の基礎知識」イカロス出版
井上雅之著「よくわかる航空業界」日本実業出版社
杉浦一機著「世界のビッグ・エアライン」中央書院
杉浦一機著「激動！ＪＡＬ　ｖｓ　ＡＮＡ」中央書院
安田浩一著「ＪＡＬの翼が危ない」金曜日
杉江弘著「機長が語るヒューマン・エラーの真実」ソフトバンククリエイティブ
加藤寛一郎著「墜落」講談社
田口美貴夫著「機長の７００万マイル」講談社
田口美貴夫著「機長の一万日」講談社
石崎秀夫著「機長のかばん」講談社
エラワン・ウイパー著「ジャンボ旅客機９９の謎」二見書房
水木新平・櫻井一郎監修「図解雑学 飛行機のしくみ」ナツメ社
白鳥敬著「飛行機の雑学事典」日本実業出版社
中山直樹・佐藤晃著「図解入門 よくわかる最新　飛行機の基本と仕組み」秀和システム
月刊エアライン編集部「航空知識のＡＢＣ」イカロス出版
全日空広報室編「エアラインハンドブックＱ＆Ａ　１００」ぎょうせい
日本航空広報部編「航空実用ハンドブック」朝日ソノラマ

編者略歴

森　隆行（もり　たかゆき）

1952年徳島県生まれ。大阪市立大学商学部卒業後、1975年大阪商船三井船舶株式会社入社。大阪支店輸出二課長、広報課長、営業調査室室長代理などを歴任後、MOL Distribution (Deutschland) GmbH（旧社名 AMT freight GmbH Spedition)（出向）社長、株式会社丸和運輸機関（出向）社長室長兼海外事業本部長、株式会社商船三井営業調査室主任研究員を経て、2006年3月株式会社商船三井退職。2006年4月より流通科学大学商学部教授。

日本海運経済学会、日本物流学会（理事）、日本ロジスティクスシステム学会、日本貿易学会、日本港湾経済学会などの会員。

著書に『外航海運のＡＢＣ』（成山堂書店、共著）、『外航海運とコンテナ輸送』（鳥影社）、『外航海運概論』（成山堂書店）、『現代物流の基礎』（同文舘出版）、『豪華客船を愉しむ』（ＰＨＰ新書）、『戦後日本客船史』（海事プレス社、住田正一海事奨励賞受賞）、『ラインの風に吹かれて』（鳥影社）がある。

URL ：http://www.h2.dion.ne.jp/~t-mori/

ビジュアル図解

まるごと！　飛行機

平成20年２月７日　初版発行

著　者 —— 森　隆行

発行者 —— 中島治久

発行所 —— 同文舘出版株式会社

東京都千代田区神田神保町1-41　〒101-0051
電話　営業03（3294）1801 編集03（3294）1803
振替00100-8-42935

 ISBN978-4-495-57821-3

印刷／製本：シナノ　Printed in Japan 2008